# WERKSTATTBÜCHER

## FÜR BETRIEBSBEAMTE, KONSTRUKTEURE U. FACHARBEITER
## HERAUSGEGEBEN VON DR.-ING. H. HAAKE VDI

**Jedes Heft 50—70 Seiten stark, mit zahlreichen Textabbildungen**
**Preis: RM 2.— oder, wenn vor dem 1. Juli 1931 erschienen, RM 1.80 (10% Notnachlaß)**
**Bei Bezug von wenigstens 25 beliebigen Heften je RM 1.50**

---

Die Werkstattbücher behandeln das Gesamtgebiet der Werkstattstechnik in kurzen selbständigen Einzeldarstellungen; anerkannte Fachleute und tüchtige Praktiker bieten hier das Beste aus ihrem Arbeitsfeld, um ihre Fachgenossen schnell und gründlich in die Betriebspraxis einzuführen.
Die Werkstattbücher stehen wissenschaftlich und betriebstechnisch auf der Höhe, sind dabei aber im besten Sinne gemeinverständlich, so daß alle im Betrieb und auch im Büro Tätigen, vom vorwärtsstrebenden Facharbeiter bis zum leitenden Ingenieur, Nutzen aus ihnen ziehen können.
Indem die Sammlung so den einzelnen zu fördern sucht, wird sie dem Betrieb als Ganzem nutzen und damit auch der deutschen technischen Arbeit im Wettbewerb der Völker.

**Einteilung der bisher erschienenen Hefte nach Fachgebieten**

### I. Werkstoffe, Hilfsstoffe, Hilfsverfahren

| | Heft |
|---|---|
| Das Gußeisen. 2. Aufl. Von Chr. Gilles | 19 |
| Einwandfreier Formguß. 2. Aufl. Von E. Kothny | 30 |
| Stahl- und Temperguß. 2. Aufl. Von E. Kothny | 24 |
| Die Baustähle für den Maschinen- und Fahrzeugbau. Von K. Krekeler | 75 |
| Die Werkzeugstähle. Von H. Herbers | 50 |
| Nichteisenmetalle I (Kupfer, Messing, Bronze, Rotguß). 2. Aufl. Von R. Hinzmann | 45 |
| Nichteisenmetalle II (Leichtmetalle). 2. Auflage. Von R. Hinzmann | 53 |
| Härten und Vergüten des Stahles. 4. Aufl. Von H. Herbers | 7 |
| Die Praxis der Warmbehandlung des Stahles. 4. Aufl. Von P. Klostermann | 8 |
| Elektrowärme in der Eisen- und Metallindustrie. Von O. Wundram | 69 |
| Brennhärten. Von H. W. Grönegreß | 89 |
| Die Brennstoffe. Von E. Kothny | 32 |
| Öl im Betrieb. Von K. Krekeler | 48 |
| Farbspritzen. Von R. Klose | 49 |
| Rezepte für die Werkstatt. 4. Aufl. Von F. Spitzer. (Im Druck) | 9 |
| Furniere — Sperrholz — Schichtholz I. Von J. Bittner | 76 |
| Furniere — Sperrholz — Schichtholz II. Von L. Klotz | 77 |

### II. Spangebende Formung

| | |
|---|---|
| Die Zerspanbarkeit der Werkstoffe. Von K. Krekeler | 61 |
| Hartmetalle in der Werkstatt. Von F. W. Leier | 62 |
| Gewindeschneiden. 3. Aufl. Von O. M. Müller | 1 |
| Wechselräderberechnung für Drehbänke. 4. Aufl. Von G. Knappe | 4 |
| Bohren. 3. Aufl. Von J. Dinnebier. (Im Druck) | 15 |
| Senken und Reiben. 2. Aufl. Von J. Dinnebier | 16 |
| Innenräumen. 2. Aufl. Von L. Knoll | 26 |
| Außenräumen. Von A. Schatz | 80 |
| Das Sägen der Metalle. Von H. Hollaender | 40 |
| Die Fräser. 2. Aufl. Von P. Zieting und E. Brödner | 22 |
| Das Fräsen. Von Dipl.-Ing. H. H. Klein | 88 |
| Das Einrichten von Automaten I (Die Automaten System Spencer und Brown & Sharpe). Von K. Sachse. (Vergriffen) | 21 |
| Das Einrichten von Automaten II (Die Automaten System Gridley [Einspindel] und Cleveland und die Offenbacher Automaten). Von Ph. Kelle, E. Gothe, A. Kreil | 23 |
| Das Einrichten von Automaten III (Die Mehrspindel-Automaten, Schnittgeschwindigkeiten und Vorschübe). Von E. Gothe, Ph. Kelle, A. Kreil | 27 |
| Das Einrichten von Halbautomaten. Von J. v. Himbergen, A. Bleckmann, A. Wassmuth | 36 |
| Die wirtschaftliche Verwendung von Einspindelautomaten. Von H. H. Finkelnburg | 81 |
| Die wirtschaftliche Verwendung von Mehrspindelautomaten. Von H. H. Finkelnburg | 71 |
| Werkzeugeinrichtungen auf Einspindelautomaten. Von F. Petzoldt | 83 |
| Maschinen und Werkzeuge für die spangebende Holzbearbeitung. Von H. Wichmann | 78 |

### III. Spanlose Formung

| | |
|---|---|
| Freiformschmiede I (Grundlagen, Werkstoff der Schmiede, Technologie des Schmiedens). 2. Aufl. Von F. W. Duesing und A. Stodt | 11 |
| Freiformschmiede II (Schmiedebeispiele). 2. Aufl. Von B. Preuss und A. Stodt | 12 |
| Freiformschmiede III (Einrichtung und Werkzeuge der Schmiede). 2. Aufl. Von A. Stodt | 56 |

WERKSTATTBÜCHER
FÜR BETRIEBSBEAMTE, KONSTRUKTEURE UND FACH-ARBEITER. HERAUSGEBER DR.-ING. H. HAAKE VDI
HEFT 53

# Nichteisenmetalle

Von

Dr.-Ing. Reinhold Hinzmann
Berlin

Zweiter Teil

## Leichtmetalle

Zweite, verbesserte Auflage
(6.—11. Tausend)

Mit 38 Abbildungen im Text

Springer-Verlag Berlin Heidelberg GmbH
1942

# Inhaltsverzeichnis.



---



ISBN 978-3-662-37129-9 ISBN 978-3-662-37842-7 (eBook)
DOI 10.1007/978-3-662-37842-7

# Vorwort.

Die vorliegende zweite Auflage dieses Werkstattbuches hat gegenüber der ersten Auflage (1934) eine vollkommene Neuordnung der Leichtmetallegierungen erfahren, wie sie sich zwangsläufig aus der inzwischen erfolgten Normung ergibt. Viele der im 1. Heft genannten, noch aus der stürmischen Erfinder- und Entwicklungszeit stammenden Leichtmetallegierungen, darunter viele ausländische, konnten jetzt unberücksichtigt gelassen werden, da sie sich entweder auch in die bewährten, genormten Legierungsgruppen einordnen lassen oder inzwischen bedeutungslos geworden sind. Es kann aber selbst bei Beschränkung auf die im Inlande bekannten und bewährten Leichtmetallegierungen im Rahmen dieses Büchleins keine erschöpfende Darstellung für jede einzelne Legierung gebracht werden. Der Zweck ist vielmehr der, dem Kreis der Leser dieser Werkstattbücher die Möglichkeit zu geben, sich für den praktischen Gebrauch leicht und schnell über die bekanntesten Leichtmetalle einen Überblick zu verschaffen.

# I. Herstellung und physikalische Eigenschaften.

## A. Aluminium.

**1. Gewinnung und Herstellung.** Das Aluminium kommt als metallisches Element wegen seiner großen Verwandtschaft zum Sauerstoff in der Natur nicht gediegen vor; es ist in der Tonerde (Aluminiumoxyd $Al_2O_3$) enthalten, die in fast unerschöpflicher Menge in der ganzen Erdkruste vorhanden ist. Von den Mineralien, die die Tonerde in abbaulohnenden Mengen enthalten, sind zu nennen: Feldspat, Ton, Kaolin, Leucit (Kalium-Aluminium-Silikat), Labradorit, Bauxit und Laterit, wovon die beiden letzten für die praktische Aluminiumgewinnung zur Zeit die wichtigsten sind. Sie bestehen aus Tonerdehydraten mit etwa 55···65% Tonerde ($Al_2O_3$), bis 28% Eisenoxyd ($Fe_2O_3$), 12···30% Wasser und bis 4% Kieselsäure ($SiO_2$). Die Hauptfundorte für diese Mineralien sind in Frankreich — nach dem ersten Fundorte Les Baux in Südfrankreich Bauxit genannt —, Dalmatien, Istrien, Ungarn, Rußland, Britisch-Indien, Arkansas und in anderen Gegenden gelegen. Die industrielle Großerzeugung von Aluminium wird heute fast ausschließlich aus dem Bauxit bestritten.

Die Gewinnung von Reinaluminium unmittelbar aus dem Bauxit auf hüttenmännisch-schmelztechnischem Wege ist wegen der großen chemischen Aktivität des Aluminiums nicht möglich. Es müssen vielmehr die Rohstoffe erst weitgehendst gereinigt werden, d. h. es muß zuerst eine reine Aluminiumverbindung, die Tonerde ($Al_2O_3$), aufgeschlossen werden, aus der dann das Aluminium abgeschieden wird. Zur Tonerdegewinnung aus dem Bauxit sind eine ganze Reihe Verfahren entwickelt worden, von denen das sog. Bayer-Verfahren heute fast ausschließlich für die industrielle Großerzeugung angewendet wird. Der Herstellungsgang ist nach Abb. 1 folgender: Der Bauxit wird in einem Steinbrecher vorgebrochen, durch einen Drehrohr-Trockenofen geschickt und in der Kugelmühle feingemahlen. Der gemahlene Bauxit wird dann im Mischer mit Natronlauge zusammengerührt und im Autoklaven bei einem Druck von etwa 7 at erhitzt, woraus eine Natrium-Aluminatlauge und Rotschlamm (Eisenoxydschlamm) anfällt. Der Rotschlamm wird in Filterpressen ausgeschieden und die klare Aluminatlauge unter Zusatz von Tonerdehydrat in Natronlauge und Tonerdehydrat zerlegt, aus dem nunmehr durch Kalzinieren im Drehrohrofen die reine Tonerde gewonnen wird. Die Natron-

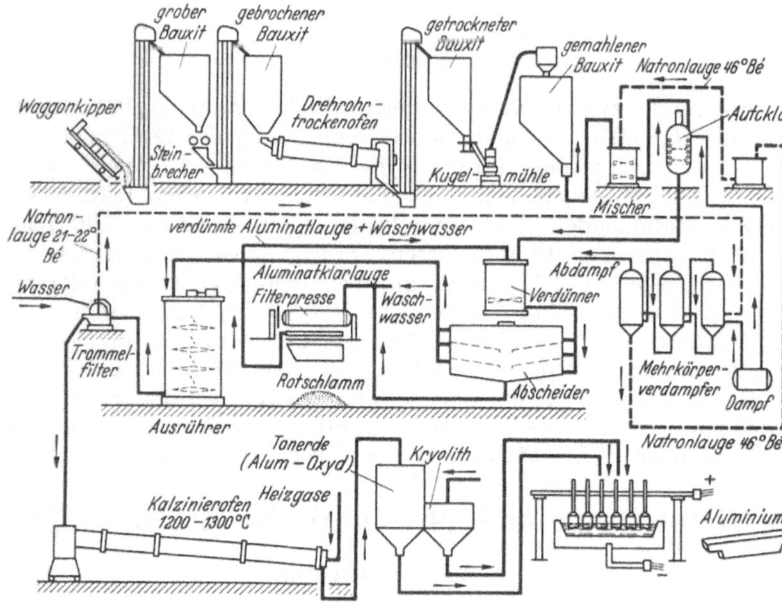


Abb. 1. Schema der Tonerdegewinnung (nach dem BAYER-Verfahren) und der Aluminiumelektrolyse.

lauge wird nach dem Eindampfen wieder zum Aufschließen des Bauxites verwendet.

Aus der nach dem vorgenannten Verfahren gewonnenen Tonerde wird nunmehr das Reinaluminium hergestellt, und zwar heute ausschließlich auf elektrolytischem Wege. Die Tonerde wird zur Herabsetzung des hohen Schmelzpunktes mit Kryolith, einem Doppelsalz von Aluminium- und Natriumfluorid, gemischt und als Elektrolyt mit einem Schmelzpunkt von 700 bis 800° in einen Schmelzofen eingesetzt, dessen Bauart aus der schematischen Abb. 2 hervorgeht. Als Anode dienen Kohleelektroden und als Kathode die mit Kohle ausgekleideten Schmelzgefäße. Bei 5···6 V und 5···20000 A wird aus der hellglühenden Tonerde-Kryolithschmelze das reine Aluminium aus der Tonerde ausgeschieden, das sich am Boden des Troges absetzt und von hier bei ununterbrochenem Ofenbetriebe von Zeit zu Zeit abgezogen wird. Zur Herstellung von 1 kg Aluminium werden etwa benötigt: 2 kg Tonerde, 0,07 kg Kryolith, 1,7 kg Elektrodenkohlen und 27 kWh Strom.

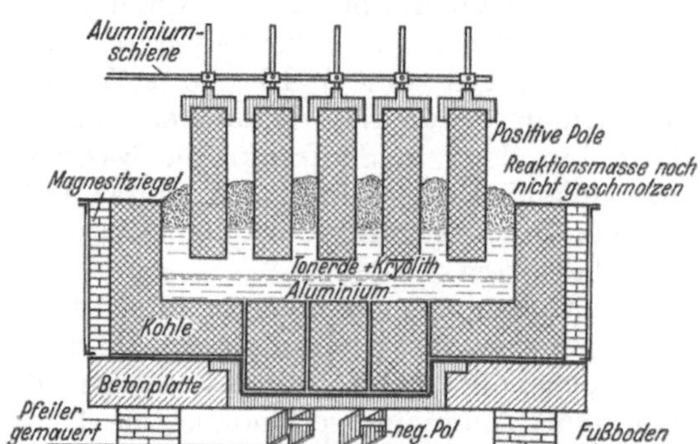


Abb. 2. Schema eines Aluminiumofens (Elektrolyse).

Das aus der Schmelzelektrolyse abgestochene Aluminium ist wegen seiner verschiedenen Reinheit noch nicht ohne weiteres verwendbar, sondern wird durch

Umschmelzen im Tiegelofen durch entsprechende Gattierung in seinem Reinheitsgehalt reguliert und in die handelsübliche Lieferform gegossen. Diese besteht aus Rohmasseln von ~ 15 kg Gewicht oder Masseln bis zu 4 kg, die durch tiefe Kerben zur besseren Zerkleinerung mehrfach unterteilt sind. Zur Herstellung von Blechen und Bändern werden Walzplatten von 1000 kg und mehr und zur Herstellung von Stangen und Drähten Rund- und Vierkantbarren von 200 kg und darüber gegossen.

Das handelsübliche Reinaluminium ist in seinen zulässigen Beimengungen, deren Anwesenheit teils durch den Reinheitsgrad der Ausgangsstoffe, teils durch den Herstellungsprozeß bedingt ist, genormt worden. Darüber hinaus kann für Sonderzwecke Reinstaluminium mit einem Reinheitsgehalt von 99,99···99,995 % hergestellt werden. Es gibt:

Reinaluminium H nach DIN 1712, Blatt 1 (Tabelle 1).

Dieses ist ein Hüttenaluminium in Blöcken und Barren, das 1. unmittelbar aus den Rohstoffen hüttenmännisch gewonnen, auf der Hütte in Formen gegossen und mit dem Hüttenzeichen versehen wird, und das 2. in den Walzwerken aus den beim Verarbeiten von Hüttenaluminium zu Halbzeug im eigenen Betrieb anfallenden Abschnitten und aus Neumetall sachgemäß umgeschmolzen und zu Walzbarren oder Preßbolzen vergossen wird.

Tabelle 1. Reinaluminium H.

| Benennung | Kurzzeichen | Zulässige Beimengungen % | | | | |
|---|---|---|---|---|---|---|
| | | insgesamt höchstens | davon Si + Fe weniger als | Ti weniger als | Cu + Zn höchstens | Sonstige Beimengungen |
| Reinaluminium H 99,7 | Al 99,7 H | 0,3 | 0,3 | 0,03 | 0,03 | in handelsüblichen Grenzen |
| Reinaluminium H 99,5 | Al 99,5 H | 0,5 | 0,5 | 0,03 | 0,05 | |
| Reinaluminium H 99 | Al 99 H | 1 | 1 | 0,03 | 0,1 | |

Reinaluminium U nach DIN 1712, Blatt 2 (Tabelle 2).

Hierunter versteht man ein in Blöcken und Barren umgeschmolzenes Reinaluminium, wie es ganz oder teilweise aus Aluminiumabfällen eingeschmolzen wird.

Tabelle 2. Reinaluminium U.

| Benennung | Kurzzeichen | Zulässige Beimengungen % | | | | |
|---|---|---|---|---|---|---|
| | | insgesamt höchstens | davon Si + Fe weniger als | Ti weniger als | Cu + Zn höchstens | Sonstige Beimengungen |
| Reinaluminium U 99,5 | Al 99,5 U | 0,5 | 0,5 | 0,03 | 0,05 | in handelsüblichen Grenzen |
| Reinaluminium U 99 | Al 99 U | 1 | 1 | 0,03 | 0,1 | |
| Reinaluminium U 98/99 | Al 98/99 U | 2 | 2 | 0,05 | 0,1 | (außer Mn) höchstens 0,1 |

Reinaluminium im Halbzeug nach DIN 1712, Blatt 3 (Tabelle 3).

Dieses Normblatt bezieht sich auf die Beschaffenheit des Werkstoffes Reinaluminium im Halbzeug (Bleche, Bänder, Streifen, Rohre, Profile, Preßteile, Drähte).

Tabelle 3. Reinaluminium im Halbzeug.

| Benennung | Kurzzeichen | Zulässige Beimengungen % | | | | | Richtlinien für die Verwendung |
|---|---|---|---|---|---|---|---|
| | | insgesamt | davon | | | | |
| | | hochstens | Si + Fe weniger als | Ti weniger als | Cu + Zn hochstens | Sonstige Beimenguugen | |
| Reinaluminium 99,7 | Al 99,7 | 0,3 | 0,3 | 0,03 | 0,03 | in handelsüblichen Grenzen | Chemische Industrie für besonders hohe Ansprüche |
| Reinaluminium 99,5 | Al 99,5 | 0,5 | 0,5 | 0,03 | 0,05 | in handelsüblichen Grenzen | Chemische Industrie Elektrotechnik Schiffbau |
| Reinaluminium 99 | Al 99 | 1 | 1 | 0,03 | 0,1 | in handelsüblichen Grenzen | Allgemeine Zwecke |
| Reinaluminium 98/99 | Al 98/99 | 2 | 2 | 0,05 | 0,1 | (außer Mn) höchstens 0,1 | Allgemeine Zwecke |

Falls vom Besteller die Herstellung des Halbzeuges aus Reinaluminium H ausdrücklich gewünscht wird, ist dem Kurzzeichen Al 99,7 oder Al 99,5 oder Al 99 der Buchstabe H hinzuzufügen.

**2. Physikalische Eigenschaften.** a) Thermische Eigenschaften.

Schmelzpunkt . . . . . . . . . . . 658°
Siedepunkt . . . . . . . . . . . . 2270°
Schmelzwärme . . . . . . . . . . 93 cal/g
Linearer Wärmeausdehnungsbeiwert
(zwischen 20 und 100°) $24 \cdot 10^{-6}$/Grad
(zwischen 20 und 600°) $28{,}5 \cdot 10^{-6}$/Grad

Spez. Wärme bei 18° 0,22 $\frac{\text{cal}}{\text{g} \cdot \text{Grad}}$
Spez. Wärme bei 100° 0,23 ,,
Wärmeleitfähigkeit bei 20° 0,50; 200° 0,475; 400° 0,425 $\frac{\text{cal}}{\text{cm} \cdot \text{s} \cdot \text{Grad}}$

Das spezifische Gewicht $\gamma$ bei gegossenem Reinaluminium schwankt je nach seiner mehr oder weniger guten Dichtigkeit zwischen 2,65 und 2,69 g/cm³. Für durch Kneten verdichtetes Reinaluminium Al 99,5 ist $\gamma = 2{,}70$ g/cm³, und für stärker verunreinigtes Aluminium, etwa Al 98, ist $\gamma = 2{,}72$ g/cm³ zu nehmen.

Das Reflexionsvermögen des Aluminiums ist sehr groß, so daß Wärmestrahlen je nach dem Zustand der Oberfläche bis zu 90% reflektiert werden.

Hieraus erklärt es sich, daß trotz hoher Wärmeleitfähigkeit das Aluminium weniger Wärme von einer Wärmequelle aufnimmt und weitergibt (beispielsweise bei einem Kochtopf an den Inhalt) als andere Metalle. Durch Überziehen der unmittelbar von den Wärmestrahlen getroffenen Fläche (z. B. der Boden des Kochtopfes) mit einem möglichst strahlungsfreien — schwarzen — Lack od. dgl. kann die Wärmeaufnahme wesentlich verbessert werden.

b) Mechanische Eigenschaften. Der Elastizitätsmodul bei Reinaluminium beträgt 6900 kg/mm². Eine Elastizitätsgrenze ist bei weichem Reinaluminium nach Feinmeßversuchen nicht vorhanden, d. h. es verbleibt nach Entlastung immer noch ein gewisser Dehnungsrest. Erst bei verfestigtem Werkstoff tritt die Elastizitätsgrenze deutlich in Erscheinung, die etwa die halbe Höhe der jeweiligen Zugfestigkeit erreicht. Die Streckgrenze, die, da nicht deutlich ausgeprägt, bei 0,2% bleibender Dehnung angenommen wird, ist bei weichem Aluminium sehr niedrig, liegt aber bei hartem Aluminium wenig unter der erreichten Zugfestigkeit.

Zugfestigkeit, Bruchdehnung und Kugeldruckhärte des weichen Aluminiums können ebenfalls durch Kaltbearbeitung wesentlich beeinflußt werden. So ist bei dünnem Al-Blech und -Draht von etwa 1 mm eine Festigkeitssteigerung bis zu 28 kg/mm² und eine Härtesteigerung bis zu 60 kg/mm² bei entsprechender

Dehnungsverminderung auf 3···5% zu erreichen, jedoch nicht zu empfehlen, da der Werkstoff zu spröde wird (Tabelle 4).

Tabelle 4. Festigkeitsänderung von Aluminiumblech Al 99 durch Kaltwalzen.

| Zustand | weich | halbhart | hart | federhart |
|---|---|---|---|---|
| Zugfestigkeit kg/mm² . . . . . . . . | 7···9 | 10···14 | 14···18 | 18···25 |
| Bruchdehnung % ($l = 10\,d$) . . . . . | 30···45 | 8···25 | 3···8 | 2···5 |
| Brinellhärte (2,5/15,6/30) kg/mm² . . | 15···25 | 25···40 | 40···60 | 60···70 |

Bei starken Abmessungen, etwa einer Aluminiumstange von 30 mm ⌀ und darüber, kann naturgemäß nicht mehr der doppelfederharte, sondern wertmäßig nur der harte Zustand erreicht werden.

Die vorstehenden, auf der Zerreißmaschine ermittelten Zugfestigkeiten werden bei einer Reckgeschwindigkeit von etwa 0,2 mm/s erhalten. Bei Belastungen über einen längeren Zeitraum fallen diese Höchstwerte, die man als Dauerstandfestigkeiten bezeichnet, niedriger aus, was beispielsweise bei Aluminiumdrähten für Freileitungen besonders beachtet werden muß. Versuche (Abb. 3) haben ergeben, daß z. B. ein Aluminiumdraht von 20 kg/mm² Zugfestigkeit bei normaler Belastungsgeschwindigkeit nur eine Festigkeit von 17 kg/mm² bei einstündiger und von 10 kg/mm² bei etwa einjähriger Belastungsdauer besitzt (Linie a in Abb. 3).

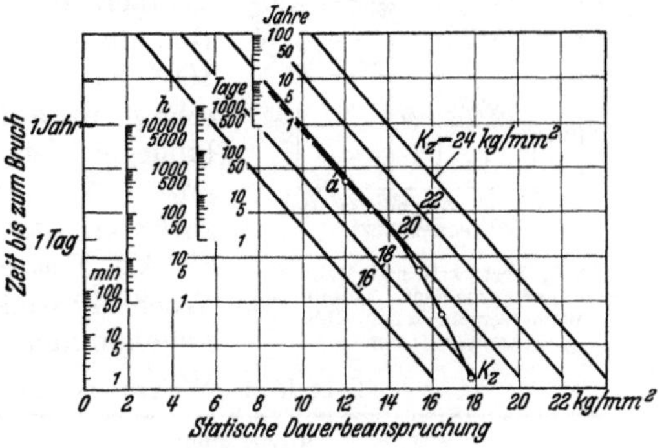


Abb. 3. Abhängigkeit der Festigkeit von der Belastungsdauer (AEG-SSW).

Die durch Kaltbearbeitung hervorgerufene Festigkeitssteigerung und Dehnungsverminderung kann durch eine nachfolgende Glühbehandlung wieder rückgängig gemacht werden. Die hierzu notwendige Glühtemperatur, die sog. Rekristallisationstemperatur, ist abhängig von dem voraufgegangenen Reckgrade. Diese Beziehungen sind in Abb. 4 dargestellt, aus der hervorgeht, daß die Rekristallisationstemperatur um so niedriger ist, je stärker der Reckgrad war und umgekehrt. Bei 70···80% gerecktem Aluminium beginnt die Rekristallisation, mit der die Entfestigung verbunden ist, bereits bei etwa 250°. Die sich einstellende Korngröße folgt auch hier dem allgemein gültigen Rekristallisationsgesetz, nach dem die Korngröße um so größer wird, je kleiner der Reckgrad war und umgekehrt. Aus diesem Grunde muß vermieden werden, ¼ oder ½ harten Werkstoff zu glühen, da er sonst grobkörnig wird. Ein grobes Korn mit seinen schädlichen Wirkungen auf die Festigkeitseigenschaften stellt sich auch ein, wenn das kritische Temperaturgebiet der beginnenden Rekristallisation zu langsam durchlaufen wird, oder wenn durch zu hohe Glühtemperatur und zu lange Glühdauer das Kornwachstum einsetzt. In der Praxis wird diesen Erkenntnissen dadurch Rechnung getragen, daß der glühende Ofen von 400···500° mit dem Glühgut beschickt wird, um eine schnelle

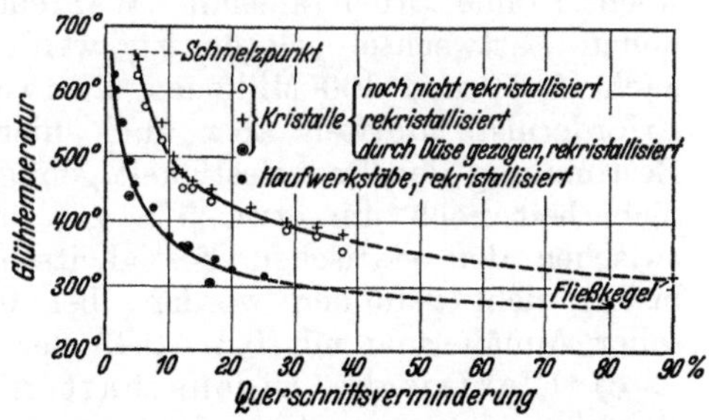


Abb. 4. Temperaturen beginnender Rekristallisation von Aluminium nach ½ h Glühdauer (Sachs).

Anwärmung und kurze Glühdauer zu erreichen. Die Einwirkung der Glühtemperaturen auf Zugfestigkeit und Dehnung von stark gerecktem Draht zeigt Abb. 5: die Zugfestigkeit fällt nach Glühung bei 100⁰ schon merklich ab und erreicht nach 250⁰ den niedrigsten Wert. Ein geringer Wiederanstieg der Zugfestigkeit nach höheren Glühtemperaturen bei stärker verunreinigtem Al 98/99 und Al 99 hängt damit zusammen, daß bei genügend schneller Abkühlung der Zerfall des Aluminium-Silizium-Mischkristalles unterbunden wird.

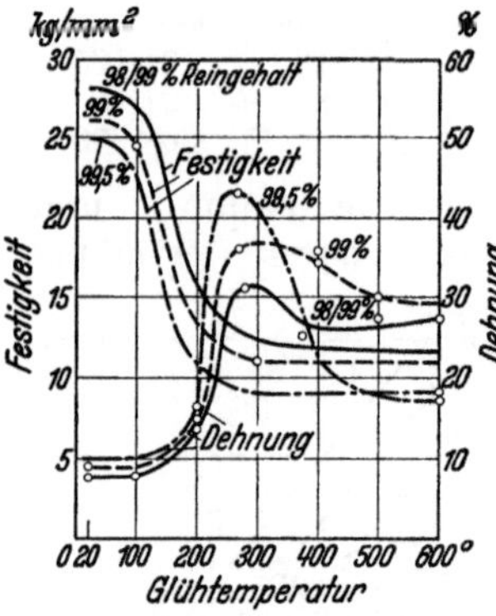


Abb. 5. Festigkeit und Dehnung von hartgezogenem Aluminium nach verschiedenen Glühtemperaturen.

Die Warmfestigkeit, d. i. die bei erhöhter Temperatur selbst gemessene Zugfestigkeit, ist bei Reinaluminium nicht besonders hoch (Tabelle 5): bei 100⁰ ist sie bereits bedeutend erniedrigt, bei 400⁰ schon bis auf 1···2 kg/mm² gesunken; die Dehnung hingegen ist außerordentlich gestiegen, worauf die gute Warmverarbeitung des Aluminiums zurückzuführen ist.

Als Dauerfestigkeit, auch Schwingungs- oder Wechselfestigkeit genannt, wird diejenige Spannung angenommen, bei der der Werkstoff beliebig viele Lastwechsel ohne Bruch aushält. Während bei Stahl diese Grenze bei etwa 10 Millionen Lastwechsel gelegen ist, werden bei den Leichtmetallen noch Brüche nach 10, 50 und 100 Millionen Lastwechseln beobachtet. Für die praktischen Erfordernisse dürften aber auch hier Lastwechsel von 30···50 Millionen zur Bestimmung der Dauerfestigkeit genügen, wobei dann der erhaltene Wert zur Sicherheit noch um etwa 5% zu verringern ist. Eine eindeutige Beziehung zwischen den statischen Festigkeitseigenschaften und der Dauerfestigkeit ist bisher nicht gefunden worden; bei Reinaluminium ist die Dauerfestigkeit in roher Annäherung mit 0,4···0,45 der Zugfestigkeit anzunehmen.

Tabelle 5. Warmfestigkeit von Reinaluminium.

| Prüftemperatur | weichgeglüht | | halbhartgezogen | | hartgezogen | |
|---|---|---|---|---|---|---|
| | Zugfestigkeit kg/mm² | Dehnung ($l = 10\,d$) % | Zugfestigkeit kg/mm² | Dehnung ($l = 4\,d$) % | Zugfestigkeit kg/mm² | Dehnung ($l = 10\,d$) % |
| 20⁰ | 8,2 | 51 | 14 | 15 | 22 | 4 |
| 100⁰ | 6,4 | 62 | 11 | 25 | 20 | 10 |
| 200⁰ | 4,4 | 84 | 7 | 30 | 14,5 | 22 |
| 300⁰ | 2,5 | 90 | 3 | 50 | 7 | 33 |
| 400⁰ | 1,1 | 128 | 1 | 65 | 1,5 | 45 |

c) Elektrische Eigenschaften. Die elektrische Leitfähigkeit des Reinaluminiums ist abhängig von seinem Reinheitsgehalt, d. h. Art und Menge der Verunreinigungen besonders an Silizium und Eisen, von der thermischen und mechanischen Vorbehandlung und von der Temperatur. Bei reinstem Aluminium mit 99,995% Al wurde eine höchste Leitfähigkeit von 37,8 $\frac{\text{m}}{\Omega \cdot \text{mm}^2}$ bei 20⁰ festgestellt. Al 99,5, das heute ausschließlich für Leitungszwecke verwendet wird (Leitaluminium E-Al = Aluminium für Elektrotechnik), muß in weichgeglühtem Zustand einen Mindestwert von 36,0 $\frac{\text{m}}{\Omega \cdot \text{mm}^2}$ bei 20⁰ aufweisen[1]. Sind die Verun-

[1] VDE 0202/1937 „Vorschriften für Aluminium für Elektrotechnik“.

reinigungen, z. B. das Silizium, im Aluminium gelöst, bilden sie also Mischkristalle, so ist die Leitfähigkeit wie bei allen festen Lösungen am geringsten. Sie erreicht ihren Höchstwert, wenn durch Glühen bei 250···300° das Silizium aus der Lösung als freie Kristalle ausgeschieden ist. Diese Kenntnis macht man sich zunutze, indem man bei der Herstellung von Walzdrähten für Leitaluminiumdrähte die Walztemperatur bei 300° hält.

Die elektrische Leitfähigkeit wird mit steigender Temperatur kleiner und mit fallender Temperatur größer und dementsprechend umgekehrt der spezifische Widerstand mit steigender Temperatur größer und mit fallender kleiner. Die Widerstandsänderung für 1° ist zwischen 0 und 100° praktisch gleich, so daß der Temperaturbeiwert ebenfalls als konstant anzusehen ist. Er beträgt für Reinaluminium mit einer Leitfähigkeit von $36 \frac{\text{m}}{\Omega \cdot \text{mm}^2} = 0{,}00425$ für 1°. Für den praktischen Bereich der Temperaturen unter 0° bis etwa — 200° bleibt der Temperaturbeiwert wie vorgenannt ebenfalls gleich. Erst bei noch tieferen Temperaturen wird er kleiner. — Reinaluminium ist unmagnetisch.

Neben Reinaluminium wird in der Elektrotechnik noch eine Aluminiumlegierung der Gattung Al-Mg-Si, Aldrey (3[1]) genannt, verwendet, die auf S. 15 näher beschrieben ist.

## B. Aluminiumlegierungen.

**1. Aluminium-Knetlegierungen.** Aluminium läßt sich mit vielen metallischen Zusätzen, von denen hauptsächlich Kupfer, Silizium, Magnesium und Zink, in zweiter Linie Nickel, Mangan, Titan, Eisen, Chrom und Kobalt und seltener Zinn, Kadmium, Antimon und Wismut in Frage kommen, mehr oder weniger gut legieren. Diese vielfältige Legierungsmöglichkeit einerseits und die wirtschaftliche Entwicklung mit den in Deutschland notwendigen Umstellmaßnahmen auf dem Werkstoffgebiet andererseits haben eine Unzahl von Aluminiumlegierungen mit allen möglichen Handelsbezeichnungen auf den Markt gebracht, die die Auswahl einer geeigneten Legierung für einen bestimmten Verwendungszweck dem nicht ausgesprochenen Werkstoffachmann außerordentlich erschwerten. Diesem Wirrwarr wurde durch die Herausgabe des Normblattes DIN 1713 begegnet, das alle Aluminiumlegierungen nach Gattungen (Legierungsgruppen) geordnet enthält, die sich bereits in der Praxis bewährt haben und die innerhalb ihrer Gruppe das Maximum an erreichbaren Eigenschaften darstellen. Für alle praktisch vorkommenden Bedürfnisse dürften sich hieraus die geeigneten Legierungen herausfinden lassen.

**a)** Gattung Al-Cu-Mg. Diese Legierungsgruppe umfaßt die Aluminiumlegierungen mit Kupfer- und geringem Magnesiumgehalt, die durch Aushärtung (Vergütung) die besten Festigkeitswerte erreichen. Dem Aluminium und seinen Legierungen waren zunächst große Anwendungsgebiete verschlossen, da die Festigkeitseigenschaften nicht diejenigen von Eisen und Stahl erreichen konnten. Hierin trat eine grundsätzliche Änderung ein, als die aushärtbaren Aluminiumlegierungen bekannt wurden, bei denen durch eine geeignete Warmbehandlung die Festigkeitseigenschaften ganz wesentlich verbessert werden können. Diese ganz bedeutende und einzigartige Entdeckung gelang zuerst dem Deutschen Alfred Wilm 1906 nach langjährigen Forschungsarbeiten. Er erkannte, daß bei seiner als „Duralumin" patentierten, kupfer- und magnesiumhaltigen Legierung durch Lösungsglühen, Abschrecken und nachfolgendes, mehrere Tage langes Auslagern bei Raumtemperatur eine sehr große Härtesteigerung zu erreichen ist. An

[1] Die Zahlen hinter den Legierungsnamen sind die laufenden Nummern in Tabelle 13 S. 44 ff.

die Stelle dieser Kaltauslagerung bei Raumtemperatur tritt bei fast allen andern aushärtbaren Legierungen die Warmauslagerung, die nach dem Abschrecken in einer nur Stunden währenden Erwärmung auf etwa 50···160° besteht. Nach dieser großartigen Entdeckung kamen naturgemäß eine große Anzahl aushärtbarer Legierungen unter den verschiedensten Namen auf den Markt, von denen bisher jedoch noch keine, das muß zur Ehre der WILMschen Erfindung gesagt werden, das Duralumin übertroffen hat.

Die Aushärtungsfähigkeit von Aluminiumlegierungen ist von dem Vorhandensein bestimmter Legierungszusätze, wie Mg, Si, Cu, Zn und anderen abhängig, die allein oder gemeinsam bei höheren Temperaturen in stärkerem Maße als bei Raumtemperatur im Aluminium gelöst sind. Wird nun durch schnelle Abkühlung bzw. durch Abschrecken die Ausscheidung der Legierungsbestandteile zum vollständigen Konzentrationsausgleich verhindert, dann befindet sich die Legierung im unterkühlten, instabilen Zustand. Der stabile Gleichgewichtszustand wird erst durch Auslagern bei Raumtemperatur oder höheren Temperaturen dadurch erreicht, daß sich aus der übersättigten Lösung die Teilchen dispers (in feiner Verteilung) aus der Grundmasse ausscheiden. Hierdurch werden die Gleitflächen blockiert und die Festigkeits- und Härtesteigerungen hervorgerufen.

Das Duralumin (19) setzt für seine Aushärtungsfähigkeit eine gute Durchknetung durch Walzen, Schmieden oder Pressen voraus; in gegossenem Zustand ist eine nennenswerte Aushärtung nicht möglich. Die Aushärtung wird nach der Formgebung am fertigen Stück vorgenommen, woran sich gegebenenfalls bei Drähten, Stangen, Blechen u. dgl. noch ein Kaltrecken zur Steigerung der Festigkeit anschließen kann. Erhitzt wird auf die Abschrecktemperatur von 500···520°, zweckmäßig in einem Salzbadofen, und zwar bei kleineren Stücken etwa 15···20 min und bei größeren Schmiede- und Preßstücken bis zu 1 h. Hierauf werden die Gegenstände in Wasser abgeschreckt und sorgfältig von etwa anhaftenden Salzresten gereinigt, um spätere Korrosionen zu vermeiden. Die Wirkung dieses ersten Teiles der thermischen Behandlung, Erhitzung mit nachfolgender Abkühlung, auf weichgeglühtes und hartgewalztes Duralumin zeigt die Abb. 6. Der zweite Teil der Vergütungsbehandlung besteht in einer mehrtägigen, ruhigen Lagerung, bei

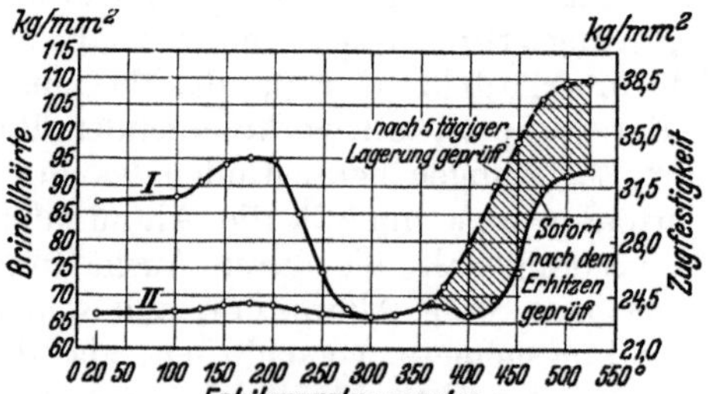


Abb. 6. Einfluß der Erhitzung auf Härte und Zugfestigkeit von Duralumin. *I* hartgewalzt; *II* weichgeglüht.

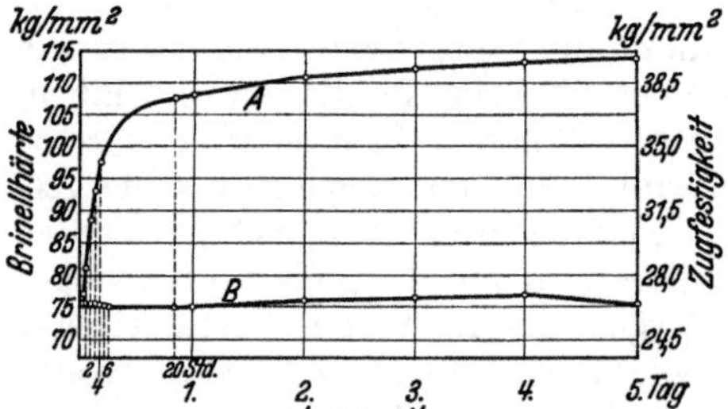


Abb. 7. Zunahme der Härte und Zugfestigkeit von Duralumin während des Alterns. *A* Festigkeit (Härte); *B* Dehnung (Zahlenwerte rechts in %).

der Härte und Festigkeit stark ansteigen ohne Rückgang der Dehnung. Abb. 7 läßt erkennen, daß die Verfestigung nach 1 bis 2tägiger Lagerung sehr stark zunimmt, bis sie nach etwa 5 Tagen ihren Höchstwert erreicht hat. Duralumin kann wiederholt ausgeglüht und ausgehärtet werden, ohne daß die Aushärtungsfähigkeit Einbuße erleidet. — Physikalische Werte sind:

| | |
|---|---|
| Schmelzpunkt etwa . . . . | 650° |
| Wärmeleitfähigkeit . . . . . | $0{,}33 \cdots 0{,}34 \frac{\text{cal}}{\text{cm} \cdot \text{s} \cdot \text{Grad}}$ |

Mittlerer linearer Wärmeausdehnungsbeiwert

| | | |
|---|---|---|
| zwischen 20 und 100°: | $23{,}7 \cdot 10^{-6}$ |
| „ 20 „ 250°: | $24{,}9 \cdot 10^{-6}$ |
| „ 20 „ 500°: | $26{,}2 \cdot 10^{-6}$ |

Duralumin ist praktisch unmagnetisch. Es besitzt gemäß Abb. 8 eine gute Warmfestigkeit. Bei Temperaturen unter 0° erfahren Festigkeit und Dehnung eine Steigerung (Tabelle 6).

Tabelle 6. Kaltfestigkeit von Duralumin.

| Temperatur | + 20° | 0° | — 20° | — 40° | — 80° | — 190° |
|---|---|---|---|---|---|---|
| Zugfestigkeit kg/mm² . . | 42,5 | 43 | 43,7 | 44 | 44,4 | 53,7 |
| Streckgrenze kg/mm² . . | 24 | 23,6 | 24 | 24,6 | 25,5 | 32,3 |
| Dehnung % . . . . . . | 21,9 | 21,8 | 23,1 | 22,1 | 22,7 | 28,7 |

Für die richtige Werkstattbehandlung des Duralumins ist die Kenntnis seiner besonderen Eigenschaften notwendig. Die Glühtemperatur zur Erzielung seines weichsten Zustandes liegt bei 340···360°. Die Schmiedetemperatur beträgt 430···470°, wobei mit einer größeren Schlagarbeit als bei Eisen und Stahl gerechnet werden muß. Ursache dieser Erscheinung ist nicht so sehr die geringere Schmiedetemperatur als vielmehr der größere Verformungswiderstand, der auch häufigere Zwischenglühungen notwendig macht.

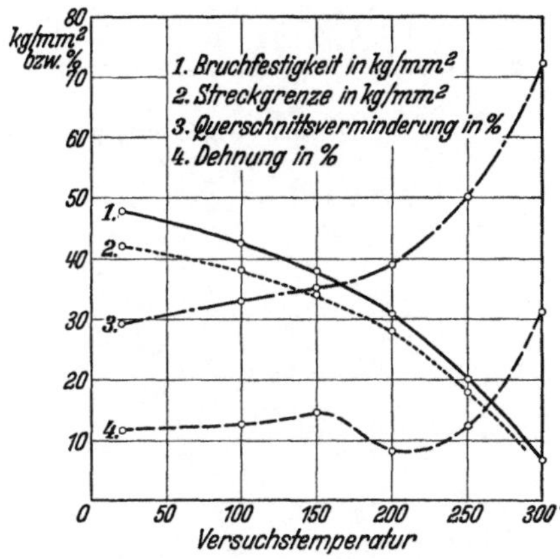

Abb. 8. Warmfestigkeit von Duralumin.

Ausgehärtet und selbst kalt nachgereckt läßt Duralumin sich kalt biegen bis auf Krümmungsradien der 2½- bis 3fachen Blechdicke. Bei Erwärmung über 150° wird die durch die Aushärtung hervorgerufene Festigkeits- und Härtesteigerung wieder rückgängig gemacht. Duralumin läßt sich zwar löten und schweißen, doch besitzen die Verbindungsnähte, die nur im unaushärtbaren Gußzustand vorliegen, weit geringere Festigkeit als der ausgehärtete Werkstoff. Verbindungen durch Schweißen und Löten sind daher nicht zu empfehlen, sondern möglichst durch Schrauben und Nieten zu ersetzen. Die Nieten vom gleichen Werkstoff sollen unmittelbar nach dem Abschrecken innerhalb der ersten 5 Stunden geschlagen werden, da sie dann am weichsten sind. In den geschlagenen Nieten setzt hierauf durch Kaltauslagern die Festigkeitssteigerung ein, die nach 5 Tagen beendet ist.

Duralumin kann unbedenklich zur Aufbewahrung von Speisen und Getränken verwendet werden, da es nach amtlichen Untersuchungen keinen gesundheitsschädlichen Einfluß ausübt. Von Süßwasser wird Duralumin kaum angegriffen, doch ist es gegen Seewasser nicht beständig. In solchen Fällen sind Schutzanstriche oder Plattierungen (S. 12) anzuwenden.

Duralumin wird in Blechen, Bändern, Rohren, Rund- und Profilstangen, Drähten, Nieten und Schrauben hergestellt. Schmiede- und Gesenkschmiedestücke und Preßteile werden meist im ausgehärteten Zustand geliefert.

Zur gleichen Legierungsgattung wie das Duralumin gehören noch einige weitere Legierungen, die von den verschiedenen Herstellerfirmen unter folgenden Handelsbezeichnungen hergestellt werden: Aludur (6), Avional (10···12), Bondur (13),

Ulminium (57···61), Heddur (34), Igedur (36) und Silal (52). Alle diese Legierungen benötigen für ihre Aushärtung dieselbe Warmbehandlung wie das vorbeschriebene Duralumin und besitzen dann auch die gleichen Festigkeits- und sonstigen Werkstoffeigenschaften wie dieses.

Die Korrosionsbeständigkeit der vorgenannten Al-Cu-Mg-Legierungen, die insbesondere gegen Seewasser bzw. Seeluft nicht sonderlich gut ist, kann durch Aufbringen einer Deckschicht von Reinaluminium oder einer anderen korrosionsbeständigen Aluminiumlegierung wesentlich verbessert werden. Es entstehen so die Legierungen Duralplat (20) und Bondurplat (14), die mit einer kupferfreien Duraluminlegierung plattiert sind, und das Albondur (2), das mit Reinaluminium plattiert ist. Das Aufbringen der Deckschicht erfolgt derart, daß eine Walzbramme aus einer Al-Cu-Mg-Legierung mit einem Aluminiumblech umhüllt, längere Zeit geglüht und dann warm verwalzt wird. Infolge Verschweißens tritt eine innige Verbindung zwischen Deckschicht und Kernwerkstoff ein (Abb. 9 und 10), so daß ein Löslösen oder Abblättern selbst bei stärksten Biegungen und Verformungen unmöglich ist. Bei Blechen beträgt die Stärke der Deckschicht etwa 5···10% der Gesamtdicke auf jeder Seite. Aber nicht nur Bleche, sondern auch Preßstangen und Preßprofile (Abb. 11), gepreßte Formteile (Abb. 12) und selbst Nieten (Abb. 13) können mit Deckschichten hergestellt werden. Korrosionsversuche in der Nordsee haben ergeben, daß die Festigkeitseigenschaften von ungeschütztem Duralumin bereits nach 2 Monaten Einwirkung erheblichen Abfall aufweisen, während die von Duralplat selbst nach 24 Monaten Dauer noch keine Verminderung zeigen (Abb. 14). Bemerkenswert ist weiterhin, daß diese Deckschichten nicht nur den darunterliegenden Kernwerkstoff schützen, sondern noch eine sog. „Fernschutzwirkung“ ausüben, d. h. bei Kratzern, Schnittkanten usw.

× 80

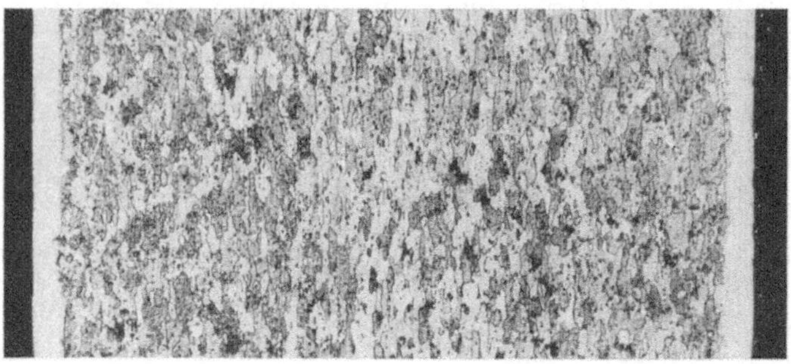

Abb. 9. Beidseitig plattiertes Duralumin.

× 150

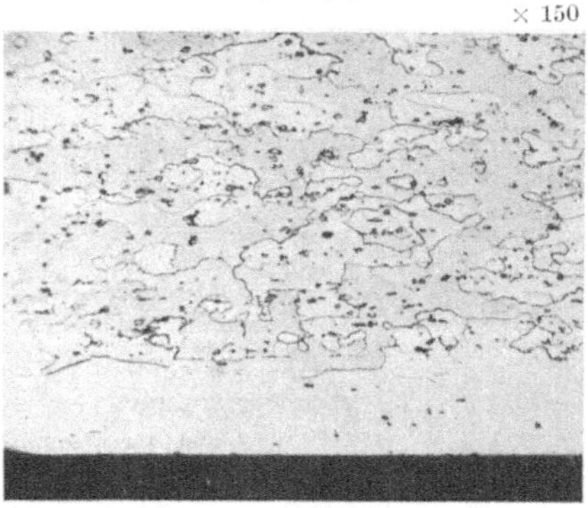

Abb. 10. Übergang der Plattierschicht in den Kernwerkstoff.

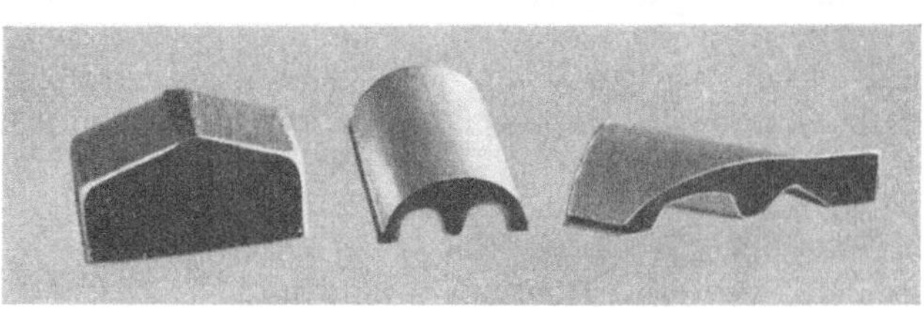

Abb. 11. Plattierte Preßstangen (Ver. Leichtmet.-Werke).

den sonst an solchen Stellen verstärkt auftretenden Korrosionsangriff verhindern. Allerdings muß damit gerechnet werden, daß entsprechend der geringeren Festigkeit der Plattierwerkstoffe auch die Gesamtfestigkeit je nach der Plattierstärke um 5 ··· 10% geringer ist als die des Kernwerkstoffes. Außer den vorgenannten Plattierschichten können auch zur Erzielung bestimmter Eigenschaften noch andere Plattierungen, wie z. B. mit Reinstaluminium (99,9% Al) oder mit seewasserbeständigen Al-Mg-Legierungen u. a., hergestellt werden.

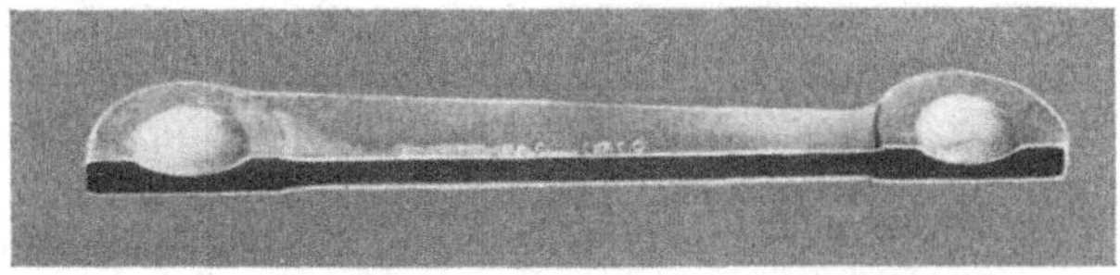

Abb. 12. Plattierte Preßteile (Ver. Leichtmet.-Werke).

Abb. 13. Plattierte Nieten (Ver. Leichtmet.-Werke).

**b) Gattung Al-Cu-Ni.** Diese Legierungsgruppe umfaßt die Legierungen mit einem Kupfer- und Nickel- und geringen Magnesiumgehalt, die auch bei 500 ··· 520° mit nachfolgendem Warmauslagern bei 155 ··· 160° ausgehärtet werden und eine gute Warmfestigkeit besitzen. Sie werden daher auch gern für Zylinderköpfe, Kolben u. ä. vorzugsweise in Form von Schmiede- und Preßstücken verwendet. Zu dieser Legierungsgattung gehört das Duralumin W (21) und die bekannte *Y*-Legierung (63).

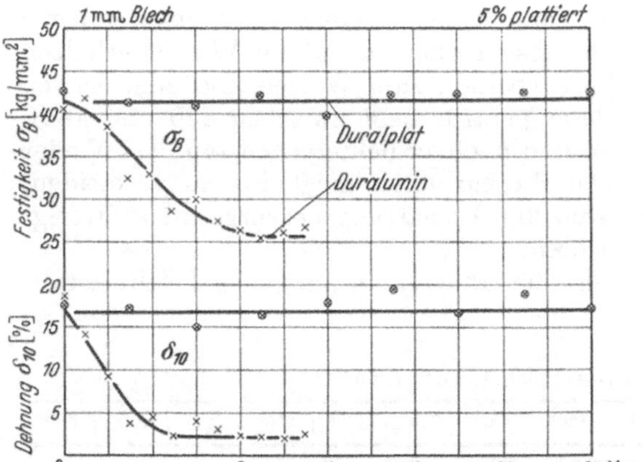


Abb. 14. Festigkeitseigenschaften von Duralplat und Duralumin bei Korrosion in der Nordsee (Ebbe und Flut) (Dür. Met.-Werke).

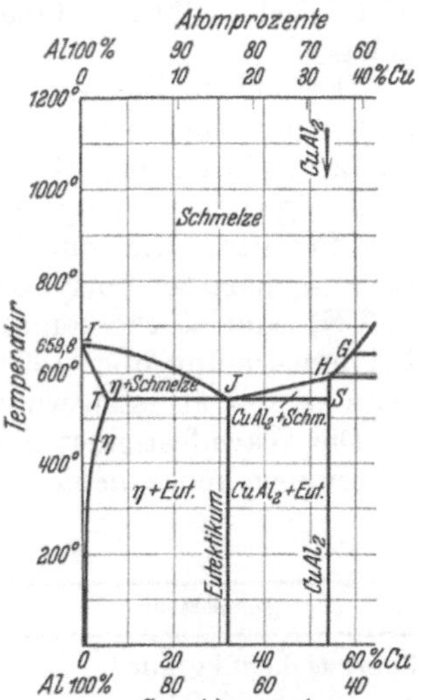


Abb. 15. Zustandsschaubild Aluminium-Kupfer.

**c) Gattung Al-Cu.** Diese Legierungsgruppe, die jedoch in DIN 1713, Ausgabe Juni 1941, nicht mehr aufgenommen wurde, umfaßt die Legierungen mit Kupfergehalt ohne Magnesium. Durch den Zusatz von Kupfer wird die Härte von Reinaluminium ebenfalls bedeutend gesteigert. Das Al-Cu-Zustandsschaubild (Abb. 15) zeigt auf der Aluminiumseite die einfachen Gleichgewichtsverhältnisse zwischen Al und der auftretenden Verbindung $CuAl_2$. Demnach bestehen die praktisch in Frage kommenden Aluminium-Kupfer-Legierungen bis zu 20% Cu aus $\gamma$-Mischkristallen und dem Eutektikum. Abb. 16 zeigt das Schliffbild einer Aluminiumlegierung mit 6,5% Cu und 0,7% Fe, in dem die hellen Al-Mischkristalle und das als Netzwerk vorliegende Eutektikum deutlich zu erkennen sind. Durch Ätzung mit 4proz. alkoholischer Pikrinsäure sind die $CuAl_2$-Kristalle dunkel und die $FeAl_3$-Kristalle (in Form chinesischer Schriftzeichen) heller gefärbt. Infolge der geringeren Löslichkeit des Kupfers im Aluminium bei Zimmertemperatur mit 0,4% gegenüber 5,6% bei der eutektischen Temperatur von 548° sind die Al-Cu-Legierungen aushärtbar, wodurch sie beachtliche Festigkeitseigenschaften erhalten.

× 200

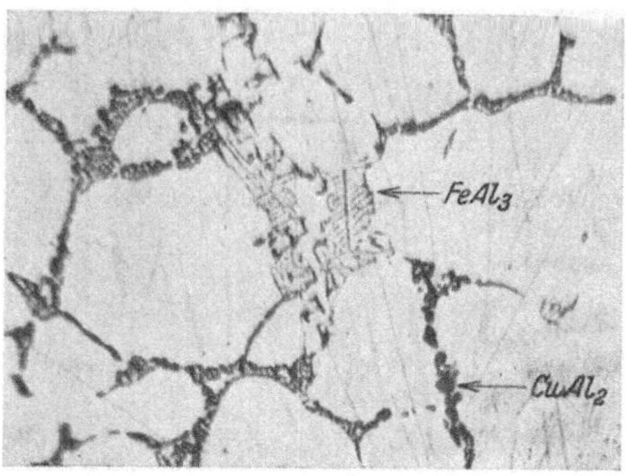


Abb. 16. Schliffbild einer Al-Cu-Legierung.

Gebräuchliche Legierungen dieser Gattung sind das Lautal (38) und die Qualität 55 (50). Das Lautal ist eine Legierung, deren Festigkeit zwar auch bei Sand- und Kokillengußstücken durch Aushärten gesteigert werden kann, die aber doch gründlich durchgeknetet werden muß, wenn die Aushärtung voll wirksam werden soll. Die Aushärtung besteht im Abschrecken von 500···510° mit darauffolgendem Warmauslagern. Gußstücke und weniger gut durchgeknetete Werkstücke, wie große Platten und Schmiedestücke, werden 48 h bei 135···145°, und Bleche, dünne Stangen und Drähte werden 16···24 h bei 120···130° ausgelagert.

Der weiche Zustand (14 W) wird durch Erwärmung auf 350···400° erhalten und eignet sich besonders bei Blechen für Tiefzieharbeiten. Der ungetemperte Zustand (14 U), der allein schon durch Abschrecken in kaltem Wasser erhalten wird, eignet sich hauptsächlich für Biegearbeiten, zum Walzen und zum Ziehen von Profilen. Die günstigste Schmiedetemperatur liegt zwischen 440 und 480°. Im ausgehärteten oder im ausgehärteten und nachverdichteten Zustand (14 V oder 14 VN) sind stärkere und scharfkantige Biegearbeiten möglichst zu vermeiden. Bei Erwärmung über 150° geht die durch die Aushärtung hervorgerufene Festigkeits- und Härtesteigerung wieder verloren.

Die Warmfestigkeit des Lautals steht der anderer aushärtbarer Leichtmetalllegierungen nicht nach (s. Tabelle 7).

Tabelle 7. Warmfestigkeit von Lautal.

| Temperatur | 20° | 100° | 150° | 200° | 250° | 300° | 350° | 400° | 450° | 500° |
|---|---|---|---|---|---|---|---|---|---|---|
| Zugfestigkeit kg/mm² . . . . | 40 | 38 | 31 | 22 | 16 | 9 | 6 | 3 | 2,5 | 2 |

Lautal läßt sich hartlöten und unter Verwendung geeigneter Flußmittel (z. B. Autogal, s. S. 34) auch schweißen, doch sind diese Verbindungsstellen einschließlich ihrer näheren Umgebung infolge ihrer Erwärmung über 150° entfestigt. Durch Hämmern und Neuaushärten lassen sich zwar ihre Festigkeitswerte wieder steigern, aber die hohen Werte des Grundmetalles werden doch nicht ganz erreicht. Vorzugsweise ist daher durch Nieten zu verbinden, und zwar möglichst durch Kaltnieten (s. S. 36).

Lautal ist sehr beständig gegen Benzin, Benzol, Dapolin, Alkohol, Brennspiritus, Stellin, Holzin unf Äthyläther, etwas weniger gegen Monopolin. Sehr hohe Korrosionsbeständigkeit besitzt das Allautal (5), das mit Reinaluminium plattierte Lautal. Deckschicht und Kern sind miteinander verschweißt und daher selbst bei Biegebeanspruchung fest und untrennbar verbunden. Der Korrosionsschutz erstreckt sich nicht nur auf die Reinaluminium-Oberflächen, sondern auch auf die Bimetall-Schnittkanten, da das Reinaluminium elektrochemisch einen sog. Fernschutz ausübt.

Lautal wird in Form von Gußstücken, Blechen, Bändern, gepreßten und gezogenen Stangen und Profilen, nahtlosen Rohren, Draht, Nieten, Gesenkpreßteilen und Schmiedestücken geliefert.

d) Gattung Al-Mg-Si. Diese Legierungsgruppe umfaßt die Legierungen mit geringem Magnesium- und Siliziumgehalt, jedoch ohne Kupfergehalt. Sie besitzen in weichem Zustand eine gute Verformbarkeit, so daß sie sich für Zieh- und Drückteile in besonderem Maße eignen. Auch lassen sich diese Legierungen bei 540 bis 560° mit nachfolgendem Warmauslagern bei 155···160° aushärten und erreichen dabei gute, mittlere Festigkeitswerte. Infolge ihrer Kupferfreiheit besitzen diese Legierungen eine gute Korrosionsbeständigkeit, was zum Teil schon in ihren Handelsbezeichnungen zum Ausdruck gebracht wird. Es gehören hierzu: Aludur 533 (6), auch Korrofestal genannt, Duralumin K (22), Legal (39···40), Anticorodal (9), Pantal (44···45), Ulmal (56), Polital (48), Legierung M (49), Silal V (53) und die Legierung RS (51). Das Duralumin K wird als Deckschicht für das Duralplat (S. 12) verwendet.

In der Elektrotechnik wird die Legierung Aldrey (3) verwendet, die bei einer um rund 70% höheren Festigkeit als Reinaluminium im hartgezogenen Draht noch eine Mindestleitfähigkeit von $30 \frac{\mathrm{m}}{\Omega \cdot \mathrm{mm}^2}$ bei 20° aufweist. Diese Legierung wird nach gründlicher Durchknetung des Gußblockes durch Abschrecken von 500···530° und Warmauslagern bei 120···150° ausgehärtet. Die höchsten Gütewerte bei der Herstellung von Leitungsdrähten werden durch starkes Kaltrecken zwischen dem Abschrecken und Warmauslagern erreicht.

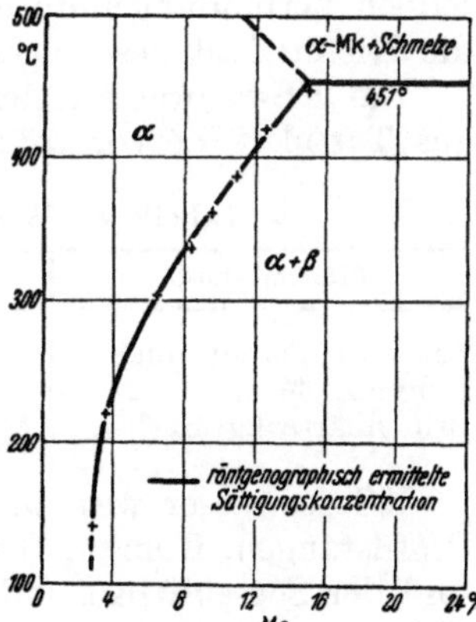

Abb. 17. Zustandsschaubild Aluminium-Magnesium.

e) Gattung Al-Mg. Diese Legierungsgruppe umfaßt Legierungen mit hohem Magnesiumgehalt bis zu 10%. Nach dem Zustandsschaubild Abb. 17 kann der Aluminiumkristall bei der eutektischen Temperatur von 451° 15% Mg, bei 300° etwa 6% und bei Raumtemperatur etwa 3% lösen. Das nicht in Lösung gegangene Magnesium ist in den Legierungen als Magnesiumaluminid ($Mg_2Al_3$) in Form feiner Kriställchen vorhanden. Magnesium ist ein sehr wirkungsvoller Legierungszusatz, der sich besonders dahin auswirkt, daß diese Legierungen auch ohne Aushärtung beachtliche Festigkeitswerte erreichen und dabei eine hohe Korrosionsbeständigkeit, namentlich gegen Seewasser besitzen. Handelsübliche Legierungen dieser Art sind: Hydronalium (35), BS-Seewasser (15), Duranalium (23), Peraluman 7 (47) und Heddronal (33). Diese Legierungen lassen sich schon bei Zimmertemperatur weitgehendst und, wenn eine Kaltverformung nicht möglich ist, bei 350···450° sehr stark verformen. Die kleinsten Biegehalbmesser betragen das Zweifache der Blechstärke.

Verbindungen von Konstruktionsteilen sind zweckmäßig durch Nieten aus dem gleichen Werkstoff herzustellen, da Nieten aus anderen Aluminiumlegierungen zu örtlichen Korrosionen führen. Hydronalium läßt sich auch unter Benutzung des von der I. G. hergestellten Schweißmittels autogen schweißen in kürzeren Nahtlängen und bei Stangen, Profilen und Rohren im Stumpfstoßverfahren. Die Festigkeit geschweißter Nähte liegt bei rund 90 % der Ausgangsfestigkeit und die Dehnung bei 2···5 %. Bei längeren Nähten ist zweckmäßig die elektrische Punktschweißung anzuwenden. Hydronalium ist in gepreßten und gezogenen Stangen und Profilen bis zu Wandstärken von 2 mm und darüber, in Rohren und in Blechen bis zu 0,3 mm Dicke herunter lieferbar.

**f)** Gattung Al-Mg-Mn. Diese Legierungen haben einen mittleren Magnesium- und geringen Mangangehalt und besitzen eine sehr hohe Seewasserbeständigkeit. Handelsübliche Knetlegierungen sind KS-Seewasser (37) und Peraluman (46). Gußlegierungen in Form von Sand- und Kokillenguß sind KS-Seewasser (70), Titan-Seewasser (83), L 15 (72), Peraluman (77) und Duranaliumguß.

KS-Seewasser ist, wie schon der Name sagt, eine gegen chemische Angriffe und besonders gegen Seewasser sehr beständige Legierung. Diese Wirkung scheint darauf zu beruhen, daß die Gefügebestandteile keine Lokalelemente bilden, und daß der Antimonzusatz die Bildung einer Schutzschicht bewirkt, die das Weitergreifen einer Korrosion verhindert.

Der Schmelzprozeß dieser Legierung erfordert besondere Aufmerksamkeit. Es sind Graphittiegel in gut regulierbaren elektrischen, koks- oder ölgefeuerten Öfen zu verwenden. Schmelztemperatur nicht über 760°. Das Metallbad wird zweckmäßig mit Salmiak oder Chlorzink gereinigt. Die Gießtemperatur soll zwischen 720 und 760° liegen.

Schmiede- und Preßarbeiten sind bei 450° vorzunehmen. Die Legierung läßt sich mit einem Kadmium-Zinklot (25 % Kadmium und 75 % Zink) zwar auch löten, doch ist die Lötstelle in der Festigkeit geringer und auch weniger korrosionsbeständig als der Werkstoff selbst. Auch autogenes Schweißen mit Azetylen- oder Wasserstoffschweißbrenner ist einwandfrei ausführbar, wobei die Temperatur des Werkstückes 500° möglichst nicht überschreiten soll. Am zweckmäßigsten werden jedoch Verbindungen durch Nieten aus demselben Werkstoff hergestellt und dabei die Nieten kalt geschlagen.

Die KS-Seewasserlegierung besitzt eine bemerkenswerte Warmfestigkeit, wie aus Tabelle 8 hervorgeht:

Tabelle 8. Warmfestigkeit der KS-Seewasserlegierung.

| Prüftemperatur | 20° | 100° | 200° | 300° | 350° | 400° | 500° |
|---|---|---|---|---|---|---|---|
| Zugfestigkeit kg/mm² . | 18 | 18 | 18 | 17 | 14 | 11 | 6 |
| Dehnung % . . . . . | 2 | 2 | 2 | 3 | 5 | 9 | 27 |
| Brinellhärte kg/mm² . | 66 | 66 | 61 | 30 | 23 | 13 | — |

KS-Seewasser wird in Form von Gußstücken, Blechen, Bändern, Rund- und Profilstangen, Rohren, Drähten und Nieten hergestellt. Hauptanwendungsgebiete sind der Seeschiffbau und Luftfahrzeugbau, die Salzindustrie, die chemische und Nahrungsmittelindustrie.

**g)** Gattung Al-Si. Diese Legierungsgruppe, die jedoch in DIN 1713, Ausgabe Juni 1941, nicht mehr aufgenommen wurde, umfaßt die Legierungen mit hohem Siliziumgehalt, die unter dem Namen Silumin (55) bekannt sind. Silizium hat sich als einer der wirksamsten Legierungszusätze zum Aluminium herausgestellt. Nach dem Zustandsschaubild (Abb. 18) liegt die eutektische Zusammensetzung bei etwa 11,6 % Si. Im untereutektischen Gebiet besteht das Gefüge dieser

Legierungen aus $\alpha$-Mischkristallen, die bei der eutektischen Temperatur von 570° etwa 1,7% Si und bei Raumtemperatur nur 0,05% Si gelöst haben (Abb. 19), und im übereutektischen Gebiet aus freien Si-Kristallen und dem Eutektikum. Jedoch konnte lediglich der Zusatz einer mehr oder weniger großen Menge von Silizium zum Aluminium noch keine Legierung hervorbringen, die anderen Al-Legierungen gegenüber überlegen gewesen wäre. Erst die Erfindung des Silumins (55) durch Aladar Pacz 1920 brachte der Technik eine Al-Si-Legierung mit hervorragenden Eigenschaften. Hierbei handelt es sich um eine Al-Legierung mit etwa 12,5···13,5% Si und höchstens 0,8% Fe als Verunreinigung, deren Schmelze kurz vor dem Guß mittels eines Alkalimetalles, auch Alkalisalzes bzw. Fluorides, veredelt wird. Durch diese Veredelung wird ein sehr feinkörniges Gefüge (Abb. 20) erzielt, dem das Silumin seine guten Festigkeitseigenschaften verdankt. Silumin wird in erster Linie als Formguß verwendet, aber auch in Form von Blechen, Stangen und Drähten in weichem oder gezogenem und kalt verfestigtem Zustand geliefert.

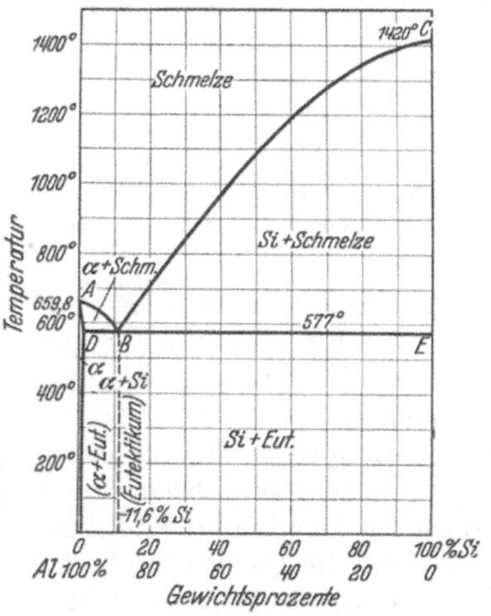


Abb. 18. Zustandsschaubild Silizium-Aluminium.

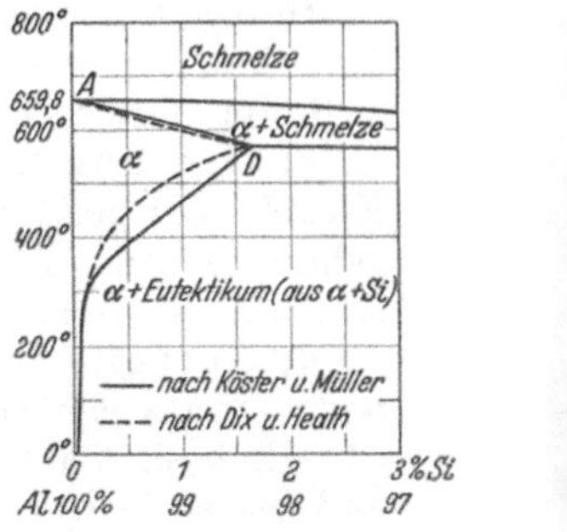


Abb. 19. Teilschaubild Silizium-Aluminium (Al-Seite).

**h)** Gattung Al-Mn. Diese Legierungsgruppe umfaßt die Legierungen mit geringem Mangangehalt, bei denen die Festigkeit höher ist als beim Reinaluminium, und die eine gute Korrosionsbeständigkeit besitzen. Zu dieser Gattung gehören: Aluman (AW 15) (8), Mangal (41), M 115 (42), Heddal (32), Silal K (54), Wicromal (62).

×100

Abb. 20. Schliffbild von Silumin.

**2. Aluminium-Gußlegierungen.** Die vorgenannten Leichtmetallgattungen für Knetlegierungen werden zum Teil auch als Gußlegierungen verwendet. Die zugehörigen Zustandsschaubilder sind dementsprechend dort einzusehen.

**a)** Gattung GAl-Cu. Diese Legierungsgruppe umfaßt Gußlegierungen mit höherem Kupfergehalt; sie besitzen gute Gießbarkeit und gute Warmfestigkeit. Bekannt ist die sog. „amerikanische Legierung“ (65), die zweckmäßig mit Hilfe einer Vorlegierung aus 50% Cu und 50% Al hergestellt wird. Diese Legierung wird häufig für Zylinderköpfe von Verbrennungskraftmaschinen mit höherer thermischer Beanspruchung verwendet. Zu dieser Gattung gehört noch die selbsthärtende Legierung Neonalium (73), die zusätzlich Magnesium enthält. Höhere Kupfergehalte führen zu den Kolbengußlegierungen, die noch weiter unten besprochen werden.

**b)** Gattung GAl-Zn-Cu. Diese Legierung mit Zink- und Kupfergehalt wird als sog. Deutsche Legierung (68) hergestellt. Eine gute Gießbarkeit ist gewährleistet, wenn der Kupfergehalt an der unteren und der Zinkgehalt an der oberen Grenze gehalten wird und umgekehrt. Schädliche Verunreinigungen sind Eisen über 1 %, das Risse verursacht, Blei über 0,3 %, das blasigen Guß erzeugt, und Magnesium über 0,2 %, das den Guß spröde macht. Das Kupfer wird am besten mit einer 50proz. Vorlegierung eingebracht und das Zink erst kurz vor dem Guß zugegeben, um Zinkverdampfung zu vermeiden.

Die Deutsche Legierung eignet sich wegen ihrer geringen Warmfestigkeit besser zum Gießen in die nachgiebigen Sandformen und weniger gut als Kokillen- oder gar Spritzguß. Die Warmfestigkeit beträgt etwa:

| | | | |
|---|---|---|---|
| Temperatur . . . . . . . . | 20° | 250° | 350° |
| Zugfestigkeit kg/mm² . . . | 15 | 7 | 2,5 |

Infolge ihrer verhältnismäßig hohen Streckgrenze hat sie sich für viele größere Konstruktionsteile, selbst solche mit wechselnder und stoßweiser Belastung, wie z. B. für Motorgehäuse u. dgl., als brauchbar erwiesen.

c) Gattung GAl-Cu-Ni. Eine aushärtbare Gußlegierung mit Kupfer- und Nickel- und geringem Magnesiumgehalt ist die Y-Legierung (84), die im ausgehärteten Zustand sehr gute Festigkeitswerte erreicht, doch ist die Dehnung dementsprechend sehr niedrig. Sie wird von 525° abgeschreckt und kalt ausgelagert.

d) Gattung GAl-Si. Zu dieser Legierungsgruppe mit hohem Siliziumgehalt ohne Zusatz gehört das Silumin (79), das bereits auf S. 16 näher beschrieben ist. Es besitzt ausgezeichnete Gießeigenschaften und ist für Sand- und Kokillenguß bis zu schwersten Gußstücken geeignet. Als Sandguß hergestellt muß das Silumin in jedem Falle bei etwa 720···780° veredelt werden, die Gußtemperatur soll 700° nicht unterschreiten. Wegen seines geringen Schwindmaßes von 1···1,14 %, seiner guten Dünnflüssigkeit und seines guten Formfüllungsvermögens eignet sich Silumin in besonderem Maße für Kokillen- und Spritzguß. Infolge der Abschreckwirkung der Kokille wird hier bereits das erwünschte feinkörnige Gefüge mit den höchsten Festigkeitswerten erreicht, so daß hier in den meisten Fällen eine Veredelung der Schmelze überflüssig ist. Um zu große Abschreckwirkung der Kokille, die zu niedrige Dehnungswerte zur Folge hat, zu mildern, kann der Si-Gehalt durch Aluminiumzusatz bis auf 11 % heruntergedrückt werden. Die Kokillen werden auf etwa 350° angewärmt; sie bestehen meist aus weichem Grauguß und die Kerne aus SM-Stahl. Silumin wird zweckmäßig in Graphittiegeln erschmolzen. Eisentiegel sind wegen der Gefahr einer schädlichen Eisenaufnahme nicht zu verwenden.

Die Festigkeitswerte des Silumins bei höheren Temperaturen zeigen bei über 150° einen starken Abfall. Bei 150° sollte man mindestens mit 10facher, bei 200° mit 14facher und bei 250° mit 18facher Sicherheit (bezogen auf die Festigkeit bei Raumtemperatur) rechnen. Die höchste zulässige Betriebstemperatur für Konstruktionsteile soll 250° nicht überschreiten.

e) Gattung GAl-Si-Cu. Durch Zulegieren von 0,8 % Cu und 0,3 % Mn zum vorgenannten Silumin entsteht das Kupfersilumin (71), das erhöhte Dauerfestigkeitseigenschaften besitzt und daher für verwickelte, schwingungsfeste Gußteile, wie Motorgehäuse u. dgl., verwendet wird. Diese geringen Zusätze bewirken bei etwas höherer Härte und geringerer Zähigkeit eine höhere Dauerfestigkeit, ohne daß die gute Gießbarkeit und Korrosionsbeständigkeit in bezug auf die normale Siluminlegierung merklich beeinträchtigt wird.

f) Gattung GAl-Si-Mg. Diese Gußlegierung mit hohem Silizium- und geringem Magnesiumgehalt gehört zur Silumingruppe; durch Zusatz von $\sim$ 0,3 % Mg und $\sim$ 0,5 % Mn zum Silumin entsteht eine aushärtbare Gußlegierung mit ausgezeichneten Gießeigenschaften und guter, chemischer Beständigkeit, die im nichtausgehärteten Zustand als Silumin-Beta (80) und im ausgehärteten Zustand als Silumin-Gamma (81) bezeichnet wird. Bei dünnwandigen Gußteilen und bei Spritz- und Preßguß aus Silumin-Beta genügt allein schon das Anlassen, um eine gewisse Steigerung der Festigkeitseigenschaften zu erreichen. Bei Sandguß und starkwandigem Kokillenguß tritt die volle Wirkung der Festigkeitssteigerung durch das Aushärten ein, das im Glühen bei 510···530° C 3···4 h, Abschrecken von der Glühtemperatur in Wasser von 20° C und anschließendem Auslagern bei 150° C 20 h besteht. Das ausgelagerte bzw. ausgehärtete Silumin-Beta hat den Namen Silumin-Gamma erhalten.

Die Verwendungsmöglichkeit der verschiedenen Silumine ist wegen ihrer guten Gießfähigkeit, die Wandstärken bis zu 3 mm herunter zuläßt, und wegen ihres dichten Gefüges in Verbindung mit ihren guten Festigkeitseigenschaften außerordentlich vielseitig. Weite Anwendungsgebiete sind dem Silumin auch wegen seiner Korrosionsbeständigkeit in der chemischen Industrie, im Schiffbau und Bauwesen erschlossen.

g) Gattung GAl-Mg. In dieser Legierungsgruppe sind die Aluminium-Gußlegierungen mit höherem Magnesiumgehalt, die zum Teil auch noch geringere Zusätze von Si, Mn, Sb und Ti enthalten, zusammengefaßt. Das bestimmende Al-Mg-Zustandsschaubild (Abb. 17) ist bereits auf S. 15 beschrieben. Zu dieser Legierungsgattung gehören folgende Legierungen: Hydronalium (69), BS-Seewasser (67), Peraluman 7 (78) und Stalanium (82). Sie besitzen eine sehr gute chemische Beständigkeit, die insbesondere gegen Seewasser und schwach alkalische Lösungen größer ist als bei Reinaluminium und anderen Aluminiumlegierungen. Sie werden als Sandguß und Kokillenguß hergestellt und im unbehandelten, homogenisierten und ausgehärteten Zustand geliefert, wodurch ihre Festigkeitseigenschaften in weiteren Grenzen verändert werden können.

h) Gattung GAl-Mg-Si. Diese Legierungsgruppe umfaßt die Gußlegierungen mit mittlerem Silizium- und geringem Magnesiumgehalt und wird als Sand- und Kokillenguß hergestellt. Durch Aushärten, Abschrecken von 540···560° mit nachfolgendem Warmauslagern bei 155···160°, werden beachtliche Festigkeitswerte erreicht, so daß sich verwickelte, hochbeanspruchte Gußstücke hieraus herstellen lassen. Außerdem besitzen diese Legierungen eine gute chemische Beständigkeit, die zum Teil in ihren handelsüblichen Bezeichnungen ausgedrückt wird: Anticorodalguß (66), Pantal 5 (76) und Nüral 43 (75).

**3. Kolbenlegierungen.** Ein wichtiges Anwendungsgebiet für Leichtmetalle sind die Kolben bei Verbrennungskraftmaschinen, besonders bei Automobil- und Flugmotoren. An diesen lebenswichtigen Konstruktionsteil werden sehr hohe Anforderungen gestellt, die allesamt restlos zu erfüllen sich kein Werkstoff rühmen kann; doch haben sich immerhin eine Anzahl sorgfältig erprobter Leichtmetalllegierungen hierfür gut bewährt. Neben dem Werkstoff spielt die konstruktive Gestaltung des Kolbens eine ausschlaggebende Rolle, auf die im Rahmen dieses Büchleins aber nicht eingegangen werden kann. Von der Werkstoffseite her kommt es auf folgende Punkte an: das spezifische Gewicht muß möglichst niedrig sein, um geringe Massenbeschleunigung zur Erreichung hoher Drehzahlen zu bekommen. Die Wärmeausdehnung muß gering sein, damit das Kolbenspiel sehr klein gehalten werden kann, um das Klappern der kalten bzw. das Fressen der warmen Kolben zu verhindern. Die Wärmeleitfähigkeit dagegen soll möglichst hoch sein, da der Kolbenboden sonst überhitzt wird oder gar durchbrennt. Die Verschleißfestigkeit muß genügend groß sein, damit Kolben und Zylinder sich nicht rasch abnutzen. Und schließlich muß die Warmhärte, d. i. die Härte bei der Betriebstemperatur des Kolbens, möglichst hoch sein, damit der Boden nicht beschädigt wird und die Ringnuten nicht ausgeschlagen werden. Die Betriebstemperaturen liegen je nach der Konstruktion der Kolben am Kolbenboden etwa zwischen 200 und 300° und am Kolbenmantel etwa zwischen 150 und 200°. Die Härtewerte der einzelnen Kolbenwerkstoffe im gegossenen und gepreßten Zustand liegen etwa in folgendem Bereich (Tabelle 9).

Tabelle 9.

| Temp. | Kugeldruckhärte |
|---|---|
| 20° | 100—140 |
| 150° | 90—110 |
| 200° | 65—80 |
| 250° | 40—55 |
| 300° | 25—32 |
| 350° | 14—18 |

Die Prüfbedingungen, unter denen die Warmhärte durch Kugeldruckversuche festgestellt wird, können die Ergebnisse wesentlich beeinflussen, so daß Warmhärtewerte aus Prospekten ohne nähere Angaben über die Art der Erwärmung des Prüfstückes und die Dauer der Belastung nicht ohne weiteres vergleichbar sind und zu Trugschlüssen führen können. Zu gleichmäßigen und vergleichbaren Ergebnissen gelangt man, wenn der Prüfling im Öl- oder Metallbad auch während der Prüfdauer von mindestens 1 min erwärmt wird.

Die hauptsächlichen Kolbenlegierungen sollen genormt werden, doch ist die Normung noch nicht abgeschlossen. Es lassen sich drei Hauptlegierungsgruppen erkennen: diejenigen auf Aluminium-Siliziumbasis, diejenigen auf Aluminium-Kupferbasis und drittens diejenigen mit verschiedenartigster Zusammensetzung. In die erste Legierungsgruppe auf Al-Si-Basis gehören diejenigen, die als Hauptbestandteil Silizium enthalten. Dieses hat sich als ein sehr wirksamer Zusatz herausgestellt, da derartige Kolbenlegierungen einen niedrigen Wärmeausdehnungsbeiwert und eine hohe Verschleißfestigkeit aufweisen. Der Gefügeaufbau der hochsiliziumhaltigen Legierungen gewährleistet auch gute Laufeigenschaften, da er wie bei guten Lagermetallen aus einer weichen Grundmasse mit eingelagerten, harten Kristallen besteht. Abb. 21 zeigt das Gefüge einer solchen Legierung, Alusil (85) genannt, die feine eutektische und größere übereutektische Siliziumkristalle und außerdem einige Schwermetallaluminide (dunkle Einlagerungen) enthält. Weitere Kolbenlegierungen dieser Gruppe sind: EC 124 (86), KS-Kolbenlegierung „245“ (88), KS-Kolbenlegierung „280“ (89), KS-Kolbenlegierung „1275“ (90) und Nüral 132 (93). Zur zweiten Legierungsgruppe auf Al-Cu-Basis gehören die Kolbenlegierungen: G 97 (87), Nelson-Bohnalite (91) und Nüral 122 (92). Und zur dritten Gruppe sind die Kolbenlegierungen Nüral 142 (94), RR 53 (95) und die Y-Legierung (96) zu rechnen.

× 150

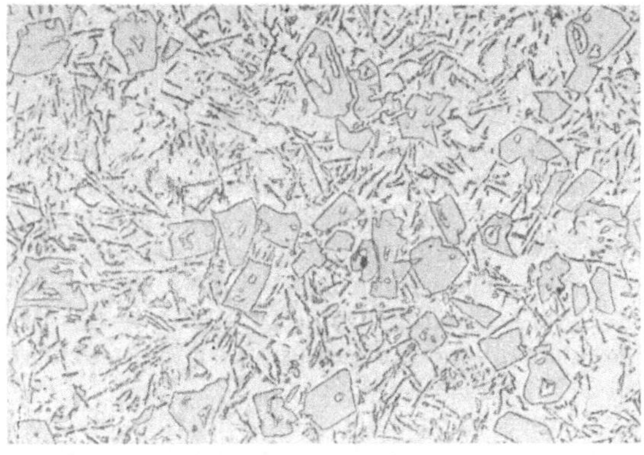

Abb. 21. Schliffbild einer Alusil-Kolbenlegierung. (Elektronmet. Cannstatt).

Die Leichtmetallkolben werden selten noch als Sandguß, dagegen überwiegend als Kokillenguß oder in gepreßter Form hergestellt. Zum Teil werden die fertigen Kolben auch ausgehärtet (von rund 500° abgeschreckt und bei rund 200° mehrere Stunden angelassen), wodurch Festigkeit und Härte gesteigert und etwa vorhandene Spannungen beseitigt werden und konstantes Volumen auch bei hoher thermischer Beanspruchung erreicht wird, d. h. also die Neigung zum nachträglichen Wachsen im Betriebe beseitigt wird. Man muß sich natürlich darüber klar sein, daß die durch die Aushärtung erzielte Anfangshärte bei Betriebstemperaturen über 200°, was hauptsächlich am Kolbenboden der Fall ist, wieder verlorengeht. Immerhin bleibt die Härtesteigerung an den kühleren Stellen des Kolbenmantels auch während des Betriebes erhalten, was gewisse Vorteile für die Gleiteigenschaften bedeutet.

**4. Automatenlegierungen.** Die vorgenannten in DIN 1713 genormten Aluminiumlegierungen sind für die spanabhebende Bearbeitung nicht sonderlich geeignet, da sie verhältnismäßig lange, zähe und lockige Späne ergeben, die eine Verarbeitung auf Automaten sehr erschweren. Außerdem sind sie überhaupt nur bei Verwendung von Sonderwerkzeugen und genügend hohen Schnittgeschwindigkeiten (S. 31) einwandfrei zerspanbar, so daß die üblichen Automaten, auf denen bisher die bekannten Automaten-Messinglegierungen verarbeitet wurden, nicht zu verwenden waren. Aus diesen Gründen sind in den letzten Jahren als Austauschwerkstoffe eine Reihe von brauchbaren Leichtmetall-Automatenlegierungen entwickelt worden, von denen eine Anzahl handelsüblicher Legierungen auf S. 58 zusammengestellt sind. Bei diesen Legierungen können die für Messing üblichen Werkzeuge, Schnittgeschwindigkeiten, Vorschübe und Schmiermittel beibehalten werden, und es ergeben sich einwandfreie, glatte Oberflächen. Diese Leichtmetall-Automatenlegierungen sind auf Al-Cu-Mg-, Al-Mg-Si- und Al-Mg-Basis nach DIN 1713 aufgebaut, enthalten aber ein oder mehrere Zusätze von meist geheimgehaltenen Komponenten, die einen kurzen spritzigen bzw. bröckelnden Span hervorrufen. Diese Legierungen werden als Stangen, Profile, aber auch als Rohre und Gesenkpreßteile hergestellt; als Schmiermittel dienen wasserlösliche Bohröle, Seifenlösungen, Petroleum, Terpentin und Seifenspiritus.

**5. Aluminium-Spritzgußlegierungen.** Die Spritzgußlegierungen sind in DIN 1744 genormt und in ihrer Zusammensetzung so gewählt, daß sie den besonderen Anforderungen des Spritzgußverfahrens gewachsen sind. Infolge der Unnachgiebigkeit der Metallformen müssen diese Legierungen ein niedriges Schwindmaß und eine hohe Warmfestigkeit besitzen, um die während der Erstarrung in der Form auftretenden Spannungen ohne Warmrisse aufnehmen zu können. Für Gußstücke mit guter Festigkeit ist die Spritzgußlegierung SpGAl-Si-Cu mit höherem Silizium- und Kupfergehalt geeignet. Für Gußstücke, die Zähigkeit und chemische Beständigkeit besitzen sollen, werden die siluminähnlichen Legierungen SpGAl-Si 13 bzw. SpGAl-Si 7 mit hohem Siliziumgehalt verwendet. Bei stärkerer Korrosionsbeanspruchung ist die Legierung SpGAl-Mg-Si zu wählen, während für Gußstücke mit hoher chemischer Beständigkeit die Legierungen vom Hydronaliumtyp SpGAl-Mg 9 bzw. SpGAl-Mg 5 in Frage kommen. Bei der Herstellung der Legierungen ist besonders darauf zu achten, daß die Schmelze in den eisernen Behältern der Gießmaschinen nicht zuviel Eisen aufnimmt, da dieses die Zähigkeit des Gusses stark beeinträchtigt.

**6. Übrige Aluminiumlegierungen.** Die vorstehend genannten Aluminiumlegierungen haben ihre Brauchbarkeit vielfach bewiesen, so daß alle praktischen Bedürfnisse mit dieser Legierungsauswahl befriedigt werden müßten. Zweifellos sind wohl auch die Legierungsmöglichkeiten mit allen übrigen Elementen zur Herstellung von Aluminiumlegierungen mehr oder weniger ausprobiert worden; jedoch haben alle diese Versuche zu keiner Legierung mit Eigenschaften geführt, die nicht auch von den bewährten, vorgenannten Aluminiumlegierungen einfacher und billiger zu erreichen sind. Deshalb haben solche Leichtmetallegierungen bisher keine weitere Verbreitung in der Technik gefunden.

Wegen seiner Billigkeit wäre Zink ein geeigneter Legierungszusatz zum Aluminium, doch bieten die reinen Aluminium-Zink-Legierungen keine solchen Vorteile, daß sie eine weitere Verbreitung gefunden hätten. Erst bei Zn-Gehalten über

10 % steigt die Härte stärker an, um ihren Höchstwert bei 30···35 % zu erreichen. Hierbei ist jedoch das spez. Gewicht mit 3,5 g/cm³ für Leichtmetalle schon verhältnismäßig sehr hoch. Es kommt hinzu, daß diese Legierungen sehr wenig korrosionsbeständig sind.

Eisen ist ein ständiger Begleiter des Aluminiums und in geringen Mengen als Verunreinigung anzusehen. Als Legierungszusatz ist es ungeeignet, da es das Aluminium hart und spröde macht, so daß es technisch brauchbare Legierungen dieser Art nicht gibt. Dies beruht darauf, daß Eisen praktisch im Aluminium unlöslich ist und mit ihm eine harte und spröde Kristallart, das Eisenaluminid $FeAl_3$, bildet.

Aluminium-Silber-Legierungen werden von der Atmosphäre nicht angegriffen, so daß 4 % Silber enthaltendes Aluminium in der Feinmechanik zur Anfertigung von Waagebalken, Spiegelsextanten u. dgl. und in der Zahntechnik verwendet wird. Eine 3proz. Aluminium-Silber-Legierung hat sich für feine Uhrfedern bewährt, und für Haushalt- und Tafelgeräte besteht als Ersatz für Reinsilber eine Legierung mit $33^1/_3$ % Silber.

Zusätze von Nickel, Kobalt, Molybdän und Wolfram machen das Aluminium spröde, so daß hieraus noch keine technisch brauchbaren Legierungen entstanden sind. Zinn wirkt zwar auf die mechanischen Eigenschaften günstig ein, doch besitzen derartige Legierungen keine Korrosionsbeständigkeit. Blei, Wismut und Kadmium legieren sich mit Aluminium garnicht.

## C. Magnesium.

Magnesium ist das leichteste Nutzmetall, das in Deutschland ausschließlich aus heimischen, in großen Mengen in der Erdkruste vorkommenden Rohstoffen hergestellt werden kann. Für die technische Gewinnung des Magnesiums kommen hauptsächlich der Magnesit, ein Magnesiumkarbonat ($MgCO_3$), der Dolomit, ein Magnesium-Kalzium-Karbonat ($CaCO_3 \cdot MgCO_3$) und der Karnallit, ein wasserhaltiges Magnesium-Kalium-Chlorid ($MgCl_2 \cdot KCl \cdot 6\,H_2O$) in Frage. Die industrielle Magnesiumherstellung geschieht heute fast ausschließlich auf elektrolytischem Wege, durch Elektrolyse von geschmolzenen Magnesiumsalzen, insbesondere den Chloriden. Das auf diese Weise gewonnene Rohmaterial besitzt zwar schon einen hohen Reinheitsgehalt, doch werden die noch verbliebenen Spuren von Aluminium, Eisen und Silizium sowie die chlorid-, oxyd-, nitrid- und sulfidhaltigen Verunreinigungen durch ein besonderes Raffinationsverfahren — Durchwaschen des flüssigen Metalles mit einem Salzgemisch — so weit entfernt, daß ein Reinheitsgehalt von etwa 99,8···99,9 % erzielt wird. Seine physikalischen Eigenschaften sind:

| | |
|---|---|
| Spezifisches Gewicht . . . . . . . | 1,74 g/cm³ |
| Schmelzpunkt . . . . . . . . . . | 650° |
| Siedepunkt . . . . . . . . . . . | rund 1100° |
| Wärmeausdehnungsbeiwert . . . . | $25{,}5 \cdot 10^{-6}$ (von 0···100°) |
| Wärmeleitfähigkeit . . . . . . . . | $> 0{,}35 \frac{\text{cal}}{\text{cm} \cdot \text{s} \cdot \text{Grad}}$ bei 20° |
| Spezifische Wärme . . . . . . . . | $0{,}25 \frac{\text{cal}}{\text{g} \cdot \text{Grad}}$ |
| Elektrische Leitfähigkeit . . . . . | $22 \frac{\text{m}}{\Omega \cdot \text{mm}^2}$ bei 20° |

Reinmagnesium (116) kommt als technischer Baustoff kaum in Betracht, da seine geringen Festigkeitseigenschaften hierzu keinen Anreiz bieten. Durch Zulegieren verhältnismäßig geringer Mengen von Aluminium, Kupfer, Zink u. a. entstehen aber äußerst brauchbare und wichtige Magnesiumlegierungen.

Weiterhin hat das Magnesium auch als Legierungszusatz zu Aluminium und Aluminiumlegierungen zwecks Erhöhung der mechanischen und thermischen Eigenschaften und Herbeiführung von Aushärtungseffekten besondere Bedeutung erlangt; mit den Schwermetallen dagegen ist die Legierungsbildung gering, verschlechtert sogar bisweilen die Gieß-, Korrosions- und Verarbeitungseigenschaften. Magnesium bzw. gewisse Magnesiumlegierungen werden auch als Desoxydationsmittel für Schwermetall- und Eisenschmelzen empfohlen. Ferner benutzt man noch Magnesiumpulver, das bei der Verbrennung ein außerordentlich intensives, weißes Licht ausstrahlt, zur Herstellung von Fackeln, Blitzlichtpulver, in der Feuerwerkerei und zu anderen ähnlichen Zwecken.

## D. Magnesiumlegierungen.

Magnesium wird durch Zusatz von Aluminium, Kupfer, Zink, Mangan u. a. in Magnesiumlegierungen verwandelt, die sich als Baustoffe mit geringstem spezifischem Gewicht und ausgezeichneten Festigkeitseigenschaften bereits weiten Eingang in die Technik verschafft haben; sie sind in DIN 1717 genormt worden. Handelsübliche Bezeichnungen für diese Legierungen sind „Elektron“ und „Magnewin“. Wenn anfänglich diesem neuen Leichtmetall wegen seiner angeblichen Feuergefährlichkeit und ungünstigen Korrosionsbeständigkeit mit großem Mißtrauen begegnet wurde, so sind heute nach jahrelanger, sorgfältigster Entwicklungsarbeit diese Bedenken als überholt anzusehen. Für die wichtige und zweckmäßige Verwendung der Magnesiumlegierungen ist die Kenntnis ihrer besonderen Eigenschaften von großer Wichtigkeit und oftmals für den Erfolg ausschlaggebend.

Die physikalischen Eigenschaften der Magnesiumlegierungen besitzen je nach Legierung folgende Werte:

| | |
|---|---|
| Spezifisches Gewicht . . . . . | $1{,}75 \cdots 1{,}83$ g/cm$^3$ |
| Schmelzpunkt, oberer . . . . . | $650 \cdots 610^0$ |
| „ unterer . . . . | $645 \cdots 400^0$ |
| Wärmeausdehnungszahl . . . . | $26 \cdot 10^{-6}$ (von $20 \cdots 100^0$) |
| Wärmeleitfähigkeit . . . . . . | $0{,}18 \cdots 0{,}36 \frac{\text{cal}}{\text{cm} \cdot \text{s} \cdot \text{Grad}}$ (von $10 \cdots 100^0$) |
| Spezifische Wärme . . . . . . | $0{,}25 \frac{\text{cal}}{\text{g} \cdot \text{Grad}}$ |
| Elektrische Leitfähigkeit . . . | $6 \cdots 20 \frac{\text{m}}{\Omega \cdot \text{mm}^2}$ bei $20^0$ |

**1. Magnesium-Knetlegierungen. a)** Preß- und Schmiedelegierungen. Die Verarbeitung der Magnesiumlegierungen zu Rohren, Stangen und Profilen wird ausschließlich auf hydraulischen Strangpressen bei einer Preßtemperatur von $300 \cdots 400^0$ vorgenommen. Auch Gesenkpreßteile und Schmiedestücke lassen sich einwandfrei herstellen. In DIN 1717 sind folgende Legierungen genormt worden:

*Gattung Mg-Al* sind Magnesium-Knetlegierungen mit Aluminiumgehalt und gegebenenfalls geringem Zinkgehalt. Hierzu gehören die folgenden Legierungen: Mg-Al 3 bzw. die Elektronlegierung AZ 31 (117) für leicht verformbare Stangen, Profile und Rohre. Mg-Al 6 bzw. Elektron AZM (118) für Schmiedestücke, Stangen, Profile und Rohre. Schweißen ist nur beschränkt möglich. Mg-Al 9 bzw. Elektron AZ 855 (119) für Stangen und hochbeanspruchte Schmiedestücke, wie Motorträger, Luftschrauben usw. Diese Legierung wird auch im homogenisierten bzw. ausgehärteten Zustand geliefert und erreicht dabei sehr hohe Festigkeitswerte.

*Gattung Mg-Zn* sind Magnesium-Knetlegierungen mit Zinkgehalt. Hierzu gehört die Legierung Mg-Zn bzw. Elektron Z 16 (120), die in Form von Stangen und Profilen für farbig zu beizende Teile, wie sie z. B. für Bürobedarf gebraucht werden, verwendet wird.

*Gattung Mg-Mn* sind Magnesium-Knetlegierungen mit Mangangehalt. Hierzu gehört die Legierung Mg-Mn bzw. Elektron AM 503 (121) für Stangen, Profile, Rohre und Preßteile, die gut korrosionsbeständig und schweißbar ist.

**b)** Blechlegierungen. Bleche und Bänder aus Magnesiumlegierungen werden, da ihre Kaltformbarkeit verhältnismäßig gering ist, hauptsächlich warmgewalzt. Die Temperaturen für das Warmwalzen bzw. für Zwischenglühungen während des Walzens betragen für die einzelnen Elektronlegierungen:

| Legierung | AZ 21 | AZM | AM 503 | AM 537 |
|---|---|---|---|---|
| Warmwalztemperaturen . | 260···370° | 280···320° | 250···500° | 250···460° |
| Weichglühtemperaturen . | 300···370° | 280···320° | 320···500° | 320···460° |

Die vom Walzen und Glühen stammende unsaubere Oberfläche wird teils mechanisch durch Bürsten oder Schleifen und teils chemisch durch Beizen in Salpetersäure entfernt. Anschließend wird eine Schutzbeizung in 10···15 Gew.% konz. Salpetersäure, 6···10 Gew.% Kalium- oder Natriumbichromat, Rest Wasser vorgenommen, die eine messingfarbene bis bräunliche Oberflächenschicht hervorruft und eine gute Unterlage für Anstriche sowie einen wirksamen Schutz gegen Oberflächenkorrosion bildet.

Verformungsarbeiten an Blechen und Bändern dürfen nur im warmen Zustand, und zwar bei 280···330°, vorgenommen werden. Eine Ausnahme hiervon macht lediglich die neuentwickelte Legierung AM 537, die auch eine Kaltverformung bei einem fünffachen Biegeradius der jeweiligen Blechstärke zuläßt. Bei Biegearbeiten im Schraubstock können zur Erwärmung offene Gas- und Azetylenflammen mit Preßluft oder Lötlampen benutzt werden. Die richtige Bearbeitungstemperatur kann schnell und einfach durch einige auf das Blech aufgebrachte Tropfen Maschinenöl festgestellt werden, dessen Flammpunkt bei $\sim 300°$ liegt. Werkzeuge und Einspannvorrichtungen sind ebenfalls auf 300° zu erwärmen oder gegebenenfalls mit einem Asbest- oder Hartholzfutter zu versehen, um eine zu schnelle Wärmeabfuhr und damit ein Erkalten der Bleche zu verhindern. Bei Drückarbeiten können die Formen und Gesenke, wenn bei kleineren Stückzahlen keine zu starke Abnutzung zu befürchten ist, auch in Hartholz oder Elektronguß ausgeführt werden.

Profile aus Blechstreifen werden durch Ziehen, bei offenen Profilen auch durch Profilrollen oder durch Vereinigung beider Verfahren hergestellt. Unmittelbar vor den Ziehwerkzeugen, die auch auf 300° erwärmt werden müssen, ist zweckmäßig ein Glühofen mit genauer Temperaturkontrolle vorzusehen. Die Ziehgeschwindigkeit beträgt bei Blechen bis zu 2 mm 4···5 m/min und bei stärkeren Blechen 2···3 m/min. Als Schmiermittel verwendet man Öl mit genügend hohem Flammpunkt — etwa $^2/_3$ Maschinenöl und $^1/_3$ Heißdampfzylinderöl — oder auch eine Mischung von Bienenwachs und Hammeltalg zu je gleichen Teilen.

Elektronblech läßt sich ohne Schwierigkeit tiefziehen, wenn für Erwärmung der Werkzeuge auf 450···500° gesorgt und die Ziehgeschwindigkeit von 2 mm/s nicht überschritten wird.

In beschränktem Umfange sind auch Biegearbeiten in kaltem Zustande (bei Raumtemperatur) ausführbar, wofür folgende Richtwerte gelten können:

| | | | | |
|---|---|---|---|---|
| Blechstärke . . . . | 0,6 mm | 1,0 mm | 1,5 mm | 2,0 mm |
| Krümmungsradien . | 2,5···3 mm | 7,0 mm | 11,0 mm | 20,0 mm |

Die in DIN 1717 genormten Blechlegierungen sind: Mg-Al 3 bzw. Elektron AZ 31 (122) und AZ 21 (123); sie sind leicht verformbar und ätzbar und eignen sich daher für Prägeteile und Ätzplatten. Mg-Al 6 bzw. Elektron AZM (124);

diese Legierung besitzt höhere Zugfestigkeit und Brinellhärte und ist daher für stärker beanspruchte Bauteile zu verwenden, doch ist sie nur beschränkt schweißbar. Mg-Mn bzw. Elektron AM 503 (125) und AM 537 (126); AM 503 hat zwar nicht so gute Festigkeitswerte wie AZM, ist dafür aber unbeschränkt schweißbar, gut korrosionsbeständig und in der Wärme leicht formbar, so daß es der gegebene Werkstoff für Karosserie-, Motor- und Rumpfverkleidungen sowie alle Arten von Behältern, wie Öl- und Benzintanks usw. ist. AM 537 ist, wie schon angegeben, stärker kaltverformbar als die übrigen Legierungen und daher für Blechpreßteile und Blechziehprofile mit maschineller Herstellung geeignet; leider ist die Schweißbarkeit wieder nicht so gut wie bei AM 503.

**2. Magnesium-Gußlegierungen. a)** Sandguß. Die Magnesium-Gußlegierungen sind besonders geeignet zur Herstellung von Sandguß. Zum Schmelzen und Gießen müssen jedoch besondere Vorschriften sorgfältig beachtet werden, um einwandfreie Gußstücke zu erzielen. Die nichtmetallischen Verunreinigungen an Oxyden, Nitriden und Chloriden müssen möglichst aus der Schmelze entfernt werden, da sie die Ausgangspunkte für spätere Korrosionen bilden. Das Metall wird, da sich Magnesium und Eisen nicht nachweisbar legieren, in Eisentiegeln erschmolzen und mit einem Schmelzsalz raffiniert. Mit diesem Salz, das aus einem Gemisch von Magnesiumchlorid, Flußspat und Magnesiumoxyd besteht, wird die Schmelze durch wiederholtes Umrühren bei 730···760° gut durchgewaschen und abgedeckt. Nun wird das Metall bis auf 850···900° überhitzt, wobei die letzten Reste von Verunreinigungen abgegeben werden und sich die Salzdecke zu einem zähen Brei verdickt, von dem sich das Metall salzfrei abscheidet. Das durch das Zulegieren von Aluminium mit diesem etwa in größerer Menge eingebrachte Eisen kann durch längeres Stehenlassen der Schmelze wenigstens bis zu einem gewissen Grade wieder abgeschieden werden. Wirksamer ist jedoch die Behandlung mit Mangan, das bei höherer Temperatur eine größere Löslichkeit in Magnesium besitzt als bei niedriger. Mangan wird daher bei höherer Temperatur eingebracht und hierauf die Schmelze bis nahe an den Erstarrungspunkt abgekühlt. Hierbei setzt sich das Mangan am Tiegelboden ab und nimmt dabei das Eisen in irgendeiner noch nicht genau bekannten Bindung mit sich.

Gegossen wird nunmehr bei einer Temperatur zwischen 780 und 750°, mindestens aber 680° und höchstens 800°. Die Salzdecke wird zurückgehalten und der Gießstrahl mit Schwefelpulver bestreut, um erneute Oxyd- bzw. Nitridbildung zu vermeiden. Elektron kann wie Aluminium in grünem Sand vergossen werden, wenn den gebräuchlichen Sandsorten 3···10% Schwefel und 0,35···0,75% Borsäure zugesetzt wird. Beim Gießen entstehen hierbei indifferente Gase, die jede Reaktion des flüssigen Metalles mit den feuchten Formen verhindern. Bei genügender Gasabführung können auch grüne Kerne verwendet werden. Allseitig vom Metall umflossene Kerne werden aus mit Leinöl oder Reisstärke vermischtem Quarzsand hergestellt. Bei größeren, sperrigen Gußstücken kann die Beseitigung etwa vorhandener Gußspannungen zweckmäßig sein, die durch Spannungsfreiglühen bei 280···320° während 2···4 h vorgenommen wird. Nachzurichten sind verzogene Gußstücke bei 250···300°.

Die fertigen und geputzten Abgüsse werden grundsätzlich in einer 20proz. Salpetersäure mit einem Zusatz von 16% Alkalibichromat zur Erhöhung ihrer Korrosionsbeständigkeit gebeizt. Danach werden sie in kaltem Wasser gut abgespült und hinterher in heißem Wasser so weit erwärmt, daß sie an der Luft schnell trocknen. Als Beizgefäße haben sich solche aus säurefestem Steinzeug, säurefesten Steinen sowie auch geschweißtem Aluminium gut bewährt.

In DIN 1717 sind folgende Gußlegierungen genormt worden:

*Gattung GMg-Al* sind Magnesium-Gußlegierungen mit Aluminiumgehalt und gegebenenfalls geringem Zinkgehalt. Hierzu gehört die Gußlegierung GMg-Al bzw. die Elektronlegierung A 9 v (127), die durch eine Wärmebehandlung, 24stündiges Glühen bei 380···410° mit nachfolgender Luftabkühlung, vergütet wird und dadurch hohe Zugfestigkeits- und Dauerfestigkeitswerte erreicht. Sie ist daher für hoch- und dauerbeanspruchte Gußstücke, wie Flugmotorengehäuse usw., besonders geeignet.

*Gattung GMg-Al-Zn* sind Magnesium-Gußlegierungen mit Aluminium- und Zinkgehalt. Hierzu gehören folgende Legierungen: GMg-Al 3-Zn bzw. Elektron AZ 31 (128) für einfache, gegen Gase und Flüssigkeiten dichte Gußstücke. GMg-Al 4-Zn bzw. Elektron AZF (129) für stoßbeanspruchte Teile, wie Flugzeuganlaufräder u. dgl. GMg-Al 6-Zn bzw. Elektron AZG (130) für dauerbeanspruchte Gußteile, wie Motorgehäuse, Getriebegehäuse usw.

*Gattung GMg-Mn* sind Magnesium-Gußlegierungen mit Mangangehalt. Hierzu gehört die Elektronlegierung AM 503 (131), die zwar nur für wenig beanspruchte, kleine und einfache Gußstücke geeignet, dafür aber besonders korrosionsbeständig, dicht und gut schweißbar ist. Sie kommt für Armaturteile von Öl- und Kraftstoffbehältern in Frage.

*Gattung GMg-Si* sind Magnesium-Gußlegierungen mit Siliziumgehalt, zu denen die Elektronlegierung CMSi (132) gehört. Diese wird in Sonderfällen für gießtechnisch einfache Gußstücke verwendet, die jedoch gegen Flüssigkeiten und Gase dicht sein sollen.

**b)** Kokillenguß läßt sich in vielen Fällen gegenüber Sandguß wirtschaftlicher herstellen, wenn größere Maßhaltigkeit, glattere Gußoberfläche und genaue Wandstärken bei größeren Stückzahlen verlangt werden. Gießen darf man entsprechend der Eigenart der Magnesiumlegierungen nicht durch Schöpfen des flüssigen Metalles aus dem Tiegel mittels Schöpfkelle, sondern das flüssige Metall ist zweckmäßig in besonders geformte, kippbare Warmhalteöfen zu bringen, aus denen es dann vorsichtig in Gießlöffel oder unmittelbar in die Kokille gegossen wird. Die Formen selbst werden zum Schutz gegen Oxydation mit einer Kokillenschlichte überzogen, die aus einer wässerigen Aufschlämmung von Schlämmkreide mit einem Zusatz von Borsäure besteht. Für Kokillenguß kommen die in DIN 1717 genormten Magnesiumlegierungen der Gattung GMg-Al in Betracht, zu denen Elektron A Z 91 (133) für gewöhnliche und Elektron A 8 (134) für stoßbeanspruchte, gießtechnisch einfache Kokillengußstücke gehören.

**3. Magnesium-Spritzgußlegierungen.** In jahrelanger Entwicklungsarbeit ist es gelungen, auch Magnesiumlegierungen in gleicher Weise wie Aluminium, Zink und Messing im Spritzgußverfahren einwandfrei herzustellen. Das Problem lag im wesentlichen darin, das flüssige Metall im Schmelztiegel und Druckbehälter gegen Oxydation zu schützen. Hauptsächlich zwei Spritzgußmaschinentypen, die Einkammer- und die Doppelkammer-Kolbengießmaschinen, haben sich in der Praxis durchgesetzt. Die Wirtschaftlichkeit des Spritzgußverfahrens liegt naturgemäß erst bei hohen Stückzahlen, mindestens 1000···2000 Stück. Als Verwendungsgebiete kommen Massenartikel aus der Automobil-, Flugzeug-, Büromaschinen-, Elektro- und Funkindustrie u. a. in Frage. Die in DIN 1740 genormten Magnesium-Spritzgußlegierungen sind: SpGMg-Al 9 und SpGMg-Al 6 mit 8···10% bzw. 5···8% Aluminium, die der Elektronlegierung AZ 91 (133) entsprechen.

## E. Übrige Leichtmetalle.

**1. Natrium, Kalium.** In der Natur findet sich Natrium hauptsächlich als Chlornatrium oder Kochsalz (NaCl) und in vielen Silikaten und Kalium als Chlorkalium und Kaliumsulfat ($K_2SO_4$) im Meerwasser, in den Abraumsalzen zu Staßfurt und ferner in vielen Silikaten, vor allem im Feldspat und Glimmer. Technisch wird Natrium und Kalium durch Elektrolyse von Ätznatron bzw. Ätzkalium gewonnen. Als technische Baustoffe kommen jedoch beide nicht in Betracht, da sie bereits bei gewöhnlicher Temperatur wachsweich sind und ihre Schmelzpunkte schon bei 97° bzw. 62° liegen. Außerdem besitzen sie eine große Verwandtschaft zum Sauerstoff, so daß sie an der Luft unbeständig sind.

**2. Lithium** ist das leichteste Metall mit einem spez. Gewicht von 0,53 g/cm³. Es hat silberweißes Aussehen, ist härter als Natrium und Kalium, etwa so plastisch wie Blei. In der Technik kommt es jedoch lediglich als Legierungszusatz in Frage.

**3. Beryllium** findet sich in einer Reihe von Mineralien, doch kommt für seine praktische Gewinnung nur der Beryll, der auch an einigen Orten in Deutschland gefunden wird, in Betracht. Größere Mengen dieses Metalles für die Technik werden nach dem Stock-Goldschmidt-Siemens & Halske-Verfahren durch Schmelzflußelektrolyse gewonnen, doch ist sein Preis infolge der schwierigen Gewinnung noch immer hoch, wodurch seiner weiteren technischen Verwendung Schranken gesetzt sind. Beryllium wird daher nur in geringen Mengen als Legierungssatz (bis etwa 5%) und als Desoxydationsmittel verwendet. Es hat ein spezifisches Gewicht von 1,85 g/cm³ und besitzt eine große Härte, so daß selbst Glas mit geeigneten Kristallkanten geritzt werden kann. Der Schmelzpunkt liegt bei etwa 1280° und die elektrische Leitfähigkeit bei $5 \cdots 25\ m/\Omega \cdot mm^2$ je nach dem Reinheitsgrad. Beryllium besitzt eine große Verwandtschaft zum Sauerstoff und überzieht sich daher an der Luft mit einer matten Oxydhaut.

## II. Formgebung.

**1. Gießen. a)** Rohguß. Das aus der Elektrolyse gewonnene Rohaluminium ist jeweils von verschiedener Reinheit und muß erst noch zu einem gleichmäßigen Handelserzeugnis umgeschmolzen werden. Hierzu werden koksgefeuerte Tiegelschmelzöfen verwendet; neuerdings sind hierfür aber auch Öfen mit Generatorgasheizung und elektrische Schmelzöfen gebaut worden. Da flüssiges Aluminium begierig Eisen und Silizium aufnimmt, nimmt man zweckmäßig eisen- und siliziumfreie Graphittiegel, doch haben sich auch gußeiserne Tiegel, die mit einer geeigneten Masse ausgeschmiert werden, bewährt. Beim Schmelzen ist jegliche Überhitzung zu vermeiden, da die Oxyde, die fast das gleiche spez. Gewicht wie Aluminium besitzen, von der Schmelze aufgenommen werden und sie schlecht gießbar machen. Das flüssige Metall wird in eiserne Formen (Kokillen) gegossen, die die üblichen Walz- und Drahtbarren, Masseln und gekerbten Blöckchen ergeben. Dem hohen Schwindmaß von 1,8% muß durch entsprechend große „verlorene Köpfe" Rechnung getragen werden. Infolge seiner hohen spez. Wärme erstarrt das Aluminium verhältnismäßig langsam, so daß oftmals statt des erwünschten feinen ein grobkristallines, eingestrahltes Gefüge entsteht, das sich in den Walz- und Drahtbarren bei der unmittelbaren Weiterverarbeitung ungünstig auswirkt. Außerdem ist fast jeder Gußblock vom anderen verschieden, da die Kokillentemperatur mit steigender Blockzahl sich ändert und jeder Guß in seiner Gleichmäßigkeit sehr von der Geschicklichkeit des Gießers abhängt. Es sind daher zahlreiche Versuche unternommen worden, durch besondere Gießverfahren einwandfreie Gußblöcke herzustellen. Aus der Fülle dieser Versuche seien hier einige Beispiele von grundsätzlicher Art herausgegriffen. Bei dem RWR (Roth-Wende-Rüttel)-Verfahren wird die Gießperiode scharf von der Erstarrungsperiode getrennt und außerdem während der Erstarrung die Kokille mit einer bestimmten Amplitude und Frequenz gerüttelt. Eine flache, rechteckige Kokille (Abb. 22) wird, um während des Eingießens die Erstarrung zu vermeiden, elektrisch geheizt und nicht ganz mit Aluminium gefüllt. Dann wird die Kokille mit einer Kupferplatte zugedeckt, die ganze Form schnell gewendet und die Kupferplatte noch durch angespritztes Wasser stark gekühlt. Infolge dieses einseitigen, starken Abschreckens würden sich zwar die unerwünschten, langen Stengelkristalle wieder bilden, doch wird dies durch das Rütteln während der Erstarrung verhindert, so daß tatsächlich ein gleichmäßiges, feinkristallines Gußgefüge entsteht. Außerdem wird durch das Rütteln eine weitgehende Entgasung des Metalles erreicht. Ein anderes Verfahren besteht darin, das flüssige Metall ohne Gefälle von dem Gießtiegel in die Gießform durch ein ruckfreies Schwenken einzubringen. Dieses „Durville-Gießverfahren“ ist in Abb. 23 schematisch dargestellt. Schließlich sei noch das „Züblin-Verfahren“ (Abb. 24) erwähnt, bei dem das flüssige Metall der mit einem seitlichen Schlitz versehenen Kokille mittels einer Gießrinne zugeführt wird. Der Schlitz wird laufend durch Verschlußsteine entsprechend dem Ansteigen des Metalles verschlossen. Auf diese Weise gelingt es, lunkerfreie und gasarme Gußblöcke ohne wesentliche Seigerungen, Schlackeneinschlüsse und Gefügeunterschiede herzustellen.

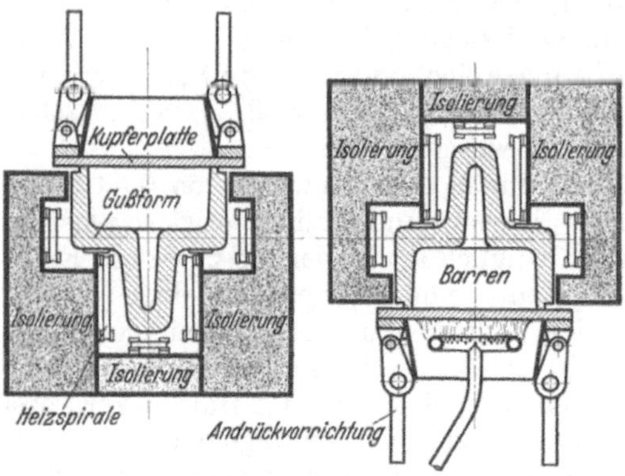


Abb. 22. Blockwendeform für Al-Guß nach dem RWR-Verfahren.

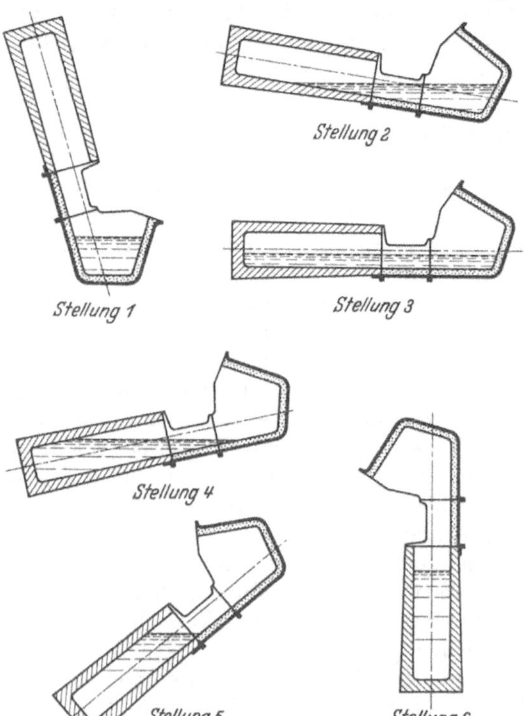


Abb. 23. Schema des Durville-Gießverfahrens.

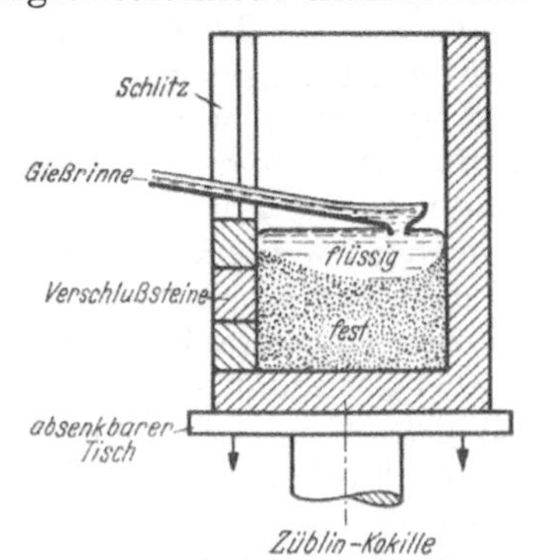


Abb. 24. Schema des Züblin-Gießverfahrens.

**b) Umschmelz-Aluminiumguß.** Die Wiedergewinnung des Aluminiums und der Aluminiumlegierungen aus Abfällen und Altmetall ist von großer wirtschaftlicher Bedeutung, so daß sich größere Metallhütten dieser Aufgabe zu-

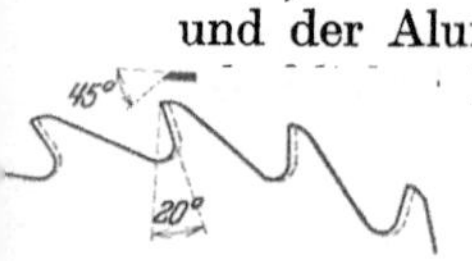

gewandt haben. Die Aufbereitung der verschiedenartigsten Aluminiumabfälle erfordert nämlich neben den geeigneten Gießereieinrichtungen und Untersuchungsmöglichkeiten auch entsprechende Erfahrungen. Bei der Vielzahl der vorhandenen Legierungen ist es notwendig, die Abfälle bereits möglichst umfassend voneinander zu trennen oder nur so weit untereinander zu vermischen, wie es die zuständigen Hüttenwerke selbst nach eigenen Angaben zulassen. Ein fachmännisch, durch Analysen kontrolliertes, umgeschmolzenes Leichtmetall stellt ein Material dar, das bei vielen Verwendungszwecken einem Neumetall nicht nachzustehen braucht.

c) Sandguß. Gußteile aus Leichtmetall werden hauptsächlich im Sandgußverfahren hergestellt. Der Schmelze werden in den Gießereien meist auch Gußabfälle, die bis zu 50% betragen können, zugesetzt; bei stärkeren Blech-, Stangen- und Gußabfällen und bei kreislaufendem Abfall des eigenen Betriebes bestehen hiergegen auch keine Bedenken. Doch ist vor dem Zusatz stark durch Formsand, Öl, Fremdmetalle, mineralische und organische Substanzen verunreinigter Abfälle und fremder Schrotteile dringend abzuraten; in solchen Fällen ist es zweckmäßiger, Umschmelzaluminium von den dafür eingerichteten Hüttenwerken zu beziehen. Beim Schmelzprozeß ist besonders darauf zu achten, daß die maximale Schmelztemperatur von 800° nicht überschritten und eine Gasaufnahme, insbesondere des schädlichen Wasserstoffes, aus den Heizgasen vermieden wird. Weiterhin muß die Oxydation der Schmelze verhindert werden, da das sich bildende, leichte Aluminiumoxyd beim Gießen leicht mit in die Form hineingerissen werden kann, wodurch im Gefüge porige Stellen, als Schlacken- oder Schaumeinschlüsse bezeichnet, mit verminderten Festigkeitseigenschaften entstehen.

Für die Sandform wird grüner, nicht zu feuchter Sand — bewährt haben sich die Kaiserslauterner und halleschen Formsande — genommen, der nicht zu fest gestampft sein darf, um den Gasen freien Abzug zu gewähren. Die Formen werden sowohl von Hand als auch auf Maschinen hergestellt. Infolge starker Schwindung bei der Erstarrung müssen genügend Steiger und Eingüsse vorgesehen werden; an dicken und unzugänglichen Stellen der Form werden auf etwa 100° erwärmte oder mit Petroleum bespritzte Schreckplatten oder Kühleisen angebracht, um Schwindungsrisse und Lunker zu vermeiden. Die Kerne müssen besonders sorgfältig hergestellt werden und bei genügender Festigkeit doch nachgiebig sein, damit beim Schrumpfen während der Erstarrung keine Warmrisse entstehen. Als Kernbindemittel wird Dextrin, Öl und Harz verwendet. Die Mindestwandstärke der Gußstücke beträgt im allgemeinen 2···3 mm und die Maßgenauigkeit etwa $\pm$ 1 mm.

d) In Kokillenguß sind Aluminiumlegierungen und auch Magnesiumlegierungen herstellbar, wenigstens alle diejenigen, die genügend warmfest sind. Die Dauerformen bestehen aus Gußeisen mit hohem Graphitgehalt und die Kerne meist aus SM-Stahl. Bei dieser Gießart werden selbst bei hohen Stückzahlen saubere, glatte Oberflächen und Maßgenauigkeiten erzielt, die in vielen Fällen eine Nacharbeit überflüssig machen. Schlitze, Bohrungen und selbst gröbere Gewinde können maßhaltig gegossen werden. Infolge der verhältnismäßig teuren Formen ist natürlich der Kokillenguß erst bei größeren Stückzahlen von mindestens 500···1000 Stück, je nach den Abmessungen, wirtschaftlich herzustellen.

e) Beim Spritzguß wird das Metall, das ebenfalls aus Aluminium- (S. 21) und Magnesiumlegierungen (S. 26) bestehen kann, mit einem Druck von 25···50 at in die Dauerformen gespritzt. Dadurch werden alle Ecken voll und scharf ausgefüllt, so daß derartige Teile kaum noch irgendeiner Nacharbeit bedürfen und auch als „Fertigguß" bezeichnet werden. Beim Verarbeiten der Aluminiumlegierungen muß darauf geachtet werden, daß sie nicht von dem Gußbehälter der Spritzgußmaschinen, in dem sie sich dauernd in flüssigem Zustande befinden, zuviel

Eisen aufnehmen, wodurch sie spröde und brüchig werden. Auch die Spritzgußformen selbst werden vom Aluminium angegriffen. Durch oberflächliches Verchromen oder Nitrieren ist die Lebensdauer der Formen schon wesentlich erhöht worden, doch halten auch diese den hohen thermischen Beanspruchungen auf die Dauer nicht stand. Man verwendet daher heute meist besonders legierte Chrom-Vanadin-Stähle. Wie beim Kokillenguß können auch hier Bohrungen, Gewinde und Einlagen in Form von Laufbuchsen, Zapfen u. dgl. aus Messing, Bronze und Stahl mit eingegossen werden. Über die zweckmäßigste Formgebung von Spritzgußteilen und ihre Verwendung berichtet eine ausführliche Schrift des RKW, Nr. 18 („Der Spritzguß und seine Verwendung. Beuth-Vertrieb, Berlin). Der Spritzguß eignet sich vornehmlich zur Herstellung kleinerer Massenartikel, deren Mindeststückzahl bei etwa 3000 Stück anzunehmen ist.

**2. Warm- und Kaltkneten.** Aluminium und die meisten Aluminiumlegierungen sind warm und kalt knetbar. Rund- und Profilstangen können warmgewalzt werden, werden aber heute vorwiegend auf der hydraulischen Strangpresse warm gepreßt und sind dann weich. Durch Weiterziehen in kaltem Zustande mit den jeweils erforderlichen Zwischenglühungen werden enge Toleranzen und die verschiedenen Härtegrade, vom viertelharten bis harten und federharten Zustand, erreicht. Drähte werden aus Preßdrähten durch Kaltziehen hergestellt, wobei sich Reinaluminium bis zur winzigen Dicke von 0,01 mm verarbeiten läßt. Rohre werden auf der Strangpresse oder auf besonderen Kurbelpressen warm vorgepreßt und dann auf die gewünschten Abmessungen kalt fertiggezogen. Bleche und Bänder werden aus gegossenen Blöcken warm vorgewalzt und dann kalt auf die vorgeschriebene Dicke und Härte unter Einschaltung notwendiger Zwischenglühungen fertiggewalzt. Dickere Bleche, bis etwa 0,8 mm herunter, werden einzeln, schwächere zwei- bis zehnfach aufeinandergelegt, gewalzt. Auf diese Weise werden ganz dünne Aluminiumfolien, bis zur Stärke von 0,005 mm, die als Verpackungsmaterial dienen, erzeugt. Durch Hämmern in geeigneten Schlagmaschinen entstehen hauchdünne Blättchen, die als unechtes Schaum- oder Rauschsilber bekannt sind. In schweren Stampfvorrichtungen werden Aluminiumflitter gewonnen, die in Pulvermühlen bis zur Staubfeine vermahlen werden und so zur Herstellung der Aluminiumbronzefarben dienen.

Die meisten Leichtmetalle lassen sich warm und kalt schmieden und in Preßgesenken verarbeiten.

**3. Spangebende Bearbeitung.** Die Leichtmetalle lassen sich mit Schneidwerkzeugen gut bearbeiten, d. h. bei geeigneter Werkzeugform kann die Schnittgeschwindigkeit sehr groß sein, ohne daß sich die Standzeit (Lebensdauer) der Schneide unzulässig oder überhaupt merkbar verringert. Ferner ist der Kraft- bzw. Leistungsverbrauch beim Zerspanen verhältnismäßig gering und die Oberfläche wird beim Schlichten mit geeigneten Kühl- und Schmiermitteln sauber. Besonders wichtig ist ein guter Spanabfluß, da die Späne besonders der zäheren Leichtmetalle die Neigung haben, sich bei Widerstand zusammenzuballen und zusammenzuschweißen und dadurch ein Weiterarbeiten u. U. unmöglich zu machen.

Für die Schnittbearbeitung sind von der einschlägigen Industrie Sonderwerkzeuge entwickelt worden. Als Werkstoff dient im allgemeinen in erster Linie bester Schnelldrehstahl; bei harten und besonders hochsiliziumhaltigen Legierungen, die die Schneiden stark beanspruchen, werden Stähle mit aufgelöteten Hartmetallplättchen verwendet. Für Feinstbearbeitung werden häufig auch Diamanten benutzt.

a) Drehen. Die Form der Drehstähle (Abb. 25) und die Anwendung richtiger Schnittwinkel (Tabelle 10) sind für eine gut bearbeitete Oberfläche ausschlaggebend.

## Berichtigung zu Seite 31, Zeile 26 von unten:

Auf Grund der Verordnung über Magnesium-Legierungen vom 8. März 1938 (Reichsgesetzblatt I, Seite 239) ist in den Sicherheits-Vorschriften für Magnesium-Legierungen vom 28. Juli 1938 § 14 vorgeschrieben, daß bei der spanabhebenden Bearbeitung eine Kühlung nur mit Preßluft, mit Öl oder Ölmischungen erfolgen darf. Die Öle und Ölmischungen dürfen weder durch einen niedrigen Flammpunkt noch durch chemische Einwirkung auf die Späne die Entstehung oder Ausbreitung eines Brandes begünstigen.

Ursprünglich hatten die Hersteller von Elektron als Schmiermittel auch eine 4%ige wäßrige Natriumfluoridlösung angegeben. Doch hat sich ergeben, daß alle wäßrigen Lösungen in Berührung mit feinen Elektronspänen eine Explosionsgefahr hervorrufen können.

Hinzmann, Nichteisenmetalle II, 2. Aufl.

Tabelle 10. Schnittwinkel für Drehstähle.

| Werkstoff | Freiwinkel $\alpha$ | Keilwinkel $\beta$ | Spanwinkel $\gamma$ | Einstellwinkel $\varkappa$ |
|---|---|---|---|---|
| Al-Legierungen . . . | 5···10° | 35···70° | 15···45° | 30···50° |
| Elektron . . . . . | 10···12° | 53···65° | 15···25° | 40···70° |

Die Schnittgeschwindigkeiten (Tabelle 11) können sehr hoch sein, wobei die Vorschübe im allgemeinen kleiner als bei der Bearbeitung von Stahl und Eisen gehalten werden.

Tabelle 11. Schnittgeschwindigkeiten für Al-Legierungen.

| | | Schruppen | Schlichten |
|---|---|---|---|
| a) Schnelldrehstahl: | | | |
| Schnittgeschwindigkeit | m/min | 200···500 | 600···1200 |
| Vorschub . . . . . . | mm/U | bis 2 | 0,1···0,5 |
| Spantiefe . . . . . . | mm | bis 10 | bis 1 |
| b) Hartmetall: | | | |
| Schnittgeschwindigkeit | m/min | 1500···2000 | 2000···2500 |
| Vorschub . . . . . . | mm/U | bis 1 | bis 0,2 |
| Spantiefe . . . . . . | mm | bis 2 | bis 0,5 |

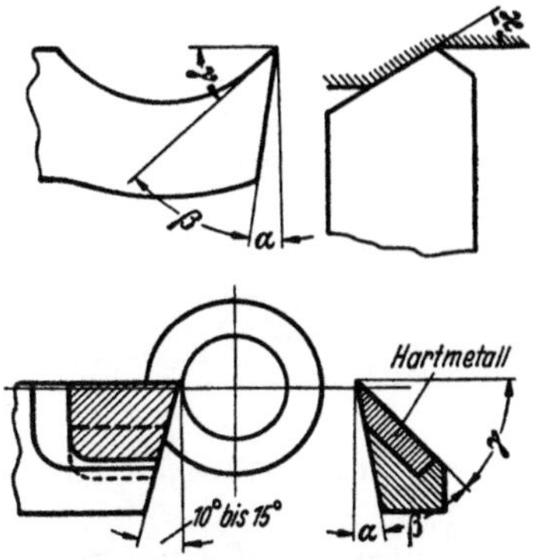

Abb. 25. Drehstähle für Leichtmetalle.

Bei Elektron werden Schnittgeschwindigkeiten von 500···2000 m/min je nach Durchmesser und Vorschübe von 0,2···0,8 mm/U beim Schruppen und 0,05 bis 0,15 mm/U beim Schlichten angewendet.

Als Schmier- und Kühlmittel werden Petroleum, Seifenwasser, Schneid- oder Bohröle[1] benutzt. Elektron wird meist trocken bearbeitet, doch ist zum Schlichten dünnflüssiges, säurefreies Schneidöl oder 4proz. wässerige Natriumfluoridlösung zu empfehlen.

**b)** Bohren. Die Bohrer für Leichtmetalle müssen engen Drall und weite Nuten besitzen, um bei größeren Lochtiefen leichtes Schneiden und gute Spanabfuhr zu gewährleisten (Abb. 26). Nur zum Bohren dünner Bleche und kleiner Löcher unter 1 mm Durchmesser sind gewöhnliche Bohrer zu verwenden.

Die Schnittgeschwindigkeit liegt für Bohrer aus Schnelldrehstahl bei 100···300 m/min und mit Hartmetallschneiden bei 300···400 m/min, bei Vorschüben von 0,10···0,35 mm/U bzw. von 0,30···0,60 mm/U steigend mit dem Lochdurchmesser. Für Elektron liegen die Schnittgeschwindigkeiten bei 150···400 m/min bei Vorschüben bis zu 1 mm/U.

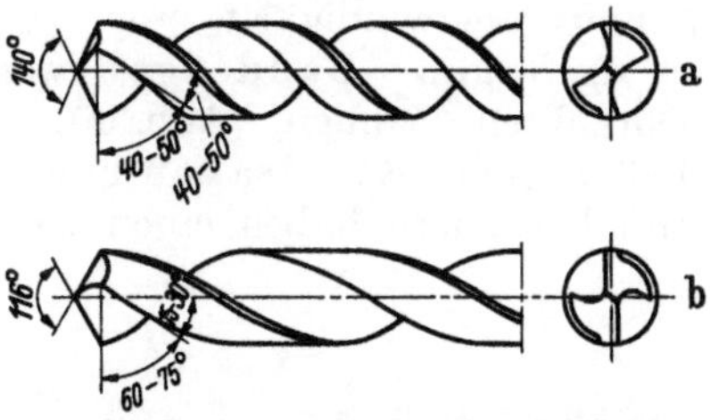

Abb. 26. Bohrer a) für weiche Leichtmetall-Legierungen; b) für harte Leichtmetall-Legierungen und geringe Lochtiefen.

Als Schmier- und Kühlmittel werden Bohröl, Seifenwasser, Terpentinöl, Petroleum und für Handbohrmaschinen auch Talg verwendet; Elektron dagegen wird in allen Fällen nur trocken gebohrt.

**c)** Fräsen. Die Schnittgeschwindigkeit kann 200···500 m/min betragen, für Messerköpfe bis 800 und mehr und bei Hartmetallschneiden bis 2000. Für den Vorschub nimmt man als Richtlinie wohl die Regel: Vorschub in mm/min doppelt so groß wie Schnittgeschwindigkeit in m/min, also 400 mm, wenn die Schnitt-

[1] Vgl. Werkstattbuch Heft 48 „Öl im Betrieb“.

geschwindigkeit 200 m/min ist. Für die Fräser ist kennzeichnend: eine grobe Zahnung und stark abfallende Zahnrücken (Abb. 27), um ausreichend Spanraum zu haben; ferner stark unterschnittene Spanflächen und spiraliger Verlauf der Zähne, auch bei geringer Breite, für ein leichtes und ruhiges Schneiden. Für die Größe der Schneidenwinkel gilt das beim Drehen Gesagte. Der Span-Winkel wird bis zu 40⁰ und mehr genommen. Abb. 28 zeigt einen Messerkopf: in der Draufsicht links für die härteren und rechts für die weicheren Leichtmetalle. Für Elektron beträgt die Schnittgeschwindigkeit 200···400 m/min bei einem Vorschub von 0,4 bis 2 mm/U und bei Messerköpfen bis 2000 m/min bei einem Vorschub von 1···2 mm/U beim Schruppen und 0,3···0,6 mm/U beim Schlichten.

Abb. 27. Fräser.

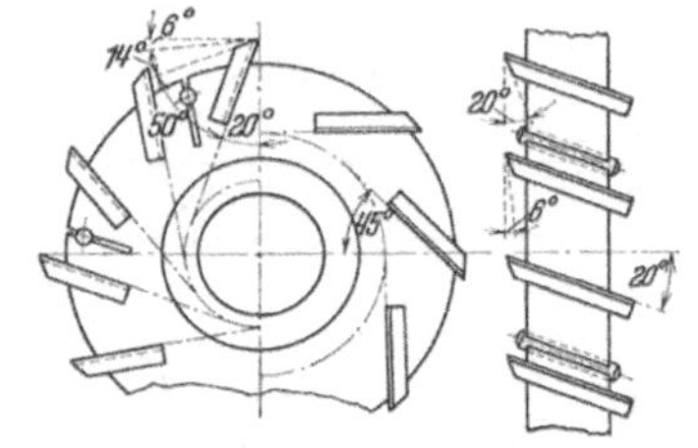

Abb. 28. Messerkopf.

Als Schmiermittel kommen Seifenwasser und Bohrölemulsion in Betracht, für Elektron jedoch nur trockene Bearbeitung.

**d)** Gewindeschneiden. Schneideisen und Gewindebohrer (Abb. 29) haben einen Spanwinkel von etwa 40⁰. Die Bohrer sind meist dreinutig, bei kleineren Abmessungen auch zweinutig. Die Rückenflächen werden senkrecht und nicht hinterschliffen ausgeführt, damit nicht das Gewinde beim Zurückdrehen durch Festsetzen von Spänen in den Gängen beschädigt wird. Die Schnittgeschwindigkeit beträgt 15···40 m/min bei Schmierung mit Talg, Petroleum oder Terpentinöl.

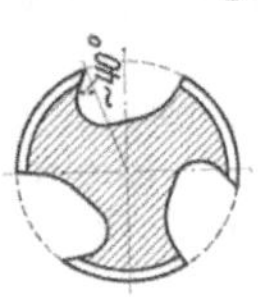

Abb. 29. Gewindebohrer.

Der Spanwinkel für Elektron wird mit 25⁰ und der Rückenwinkel mit 3···4⁰ eingehalten. Hierdurch wird erreicht, daß die Bohrer beim Zurückdrehen nachschneiden, und daß sich keine Späne einklemmen können. Die Bearbeitung erfolgt trocken bei einer Schnittgeschwindigkeit von 20···50 m/min.

**e)** Sägen. Bandsägen werden aus halbhartem Stahl hergestellt mit verschränkten Zähnen (Abb. 30). Die Schnittgeschwindigkeit beträgt 1000 bis 4000 m/min. Kreissägen müssen grobe Zahnung haben: die Zähne stehen nicht radial, sondern haben einen Spanwinkel von etwa 20⁰; ihre Schneiden sind in der Achsenrichtung um etwa 45⁰ geneigt (Abb. 31). Die Schnittgeschwindigkeit beträgt etwa 300···1200 m/min. Es muß mit Schneid- oder Bohröl oder mit Seifenwasser geschmiert werden, außer bei Elektron.

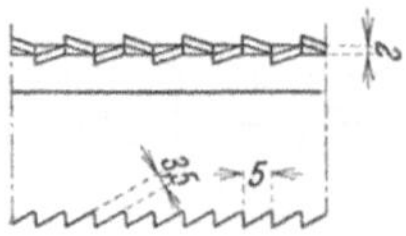

Abb. 30. Bandsäge.

Abb. 31. Kreissäge.

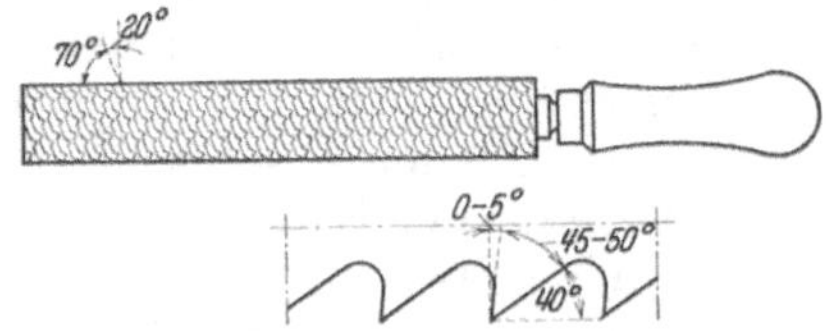


Abb. 32. Feile.

**f)** Feilen. Die gewöhnlichen Feilen sind nicht brauchbar, da sie sich in kurzer Zeit mit Spänen vollsetzen. Man verwendet daher gefräste Feilen nach Abb. 32 mit abgerundetem Zahngrund für einen leichteren Spanabfluß.

g) Schleifen. Das Schleifen von Aluminium und Aluminiumlegierungen bietet gewisse Schwierigkeiten, da die Schmirgelscheiben selbst bei sehr grober Körnung schnell verschmieren. Dieses zu verhindern, hat sich das Einfetten der Scheiben mit Paraffin, das die Poren verschließt, bewährt. Neuerdings erhält man bessere Schleifergebnisse mit elastisch gebundenen Scheiben. Zum Kühlen verwendet man Bohröl 1 : 70. Elektron läßt sich gut schleifen; gekühlt wird mit Rohpetroleum oder 4 proz. Natriumfluoridlösung.

Schwabbeln werden aus Nessel oder Flanell hergestellt und mit einem Gemisch aus Leim und Schmirgel bestrichen, das über Nacht trocknet. Zum Polieren werden dieselben Scheiben benutzt mit Polierwachs, Polierrot oder dergleichen.

Zum Schluß dieses Abschnittes sei noch kurz auf die so gefürchtete „Brennbarkeit“ des Elektrons eingegangen. Bei massivem Werkstoff und selbst bei groben Spänen bis zu etwa 1,5 mm² Querschnitt besteht die Gefahr einer Entzündung überhaupt nicht. Beweis hierfür sind die Kolben in Verbrennungskraftmaschinen, die dauernd den hohen Verbrennungstemperaturen ausgesetzt sind. Feine Elektronspäne und Elektronstaub können allerdings in Brand geraten und sind deshalb stets von den Arbeitsstätten fernzuhalten und in eisernen Behältern aufzubewahren. Brennende Späne dürfen unter keinen Umständen mit Wasser gelöscht werden; der Brand ist vielmehr durch Sand, Eisenspäne oder Decken zu ersticken.

## III. Mechanische Verbindung.

**1. Löten.** Leichtmetalle durch Löten zu verbinden ist wegen der dünnen, aber sehr dichten Oxydhaut auf der Metalloberfläche oft nur mit einiger Schwierigkeit möglich. Außerdem besitzen solche Lötstellen meist nur mangelhafte Korrosionsbeständigkeit. Immerhin haben sich bis heute aus vielen Versuchen geeignete Verfahren für Weichlöten wie für Hartlöten herausgebildet, die, nach den jeweils vorliegenden Erfordernissen richtig gewählt und sachkundig angewendet, recht brauchbare Ergebnisse liefern. Unter Löten ist ganz allgemein die Verbindung mit Hilfe eines metallischen Werkstoffes zu verstehen, der eine andere Zusammensetzung hat als der, der gelötet werden soll.

a) Weichlöten. Hierzu benutzt man Lote auf Zink- oder Zinnbasis, die mit anderen niedrigschmelzenden Schwermetallen, wie Kadmium, Blei, Wismut und anderen Zusatzstoffen legiert sind und die kein oder nur Aluminium bis 50% enthalten. Ihre Schmelztemperaturen liegen zwischen 150 und 500°. Aus der großen Menge der im Handel erhältlichen Weichlote treffe man seine Wahl möglichst nur im Einvernehmen mit dem Hersteller bzw. nach Rückfrage bei der Aluminium-Zentrale G.m.b.H. bzw. deren Beratungsstellen.

Weichlöten selbst ist sehr einfach, auch für Ungeübte. Im allgemeinen wird kein Flußmittel verwendet, außer bei Folien und dünnen Drähten, sondern die Oxydhaut wird mechanisch durch Verreiben des Lotes auf dem Aluminium zerstört, gegebenenfalls mit Hilfe einer Drahtbürste. Zur Erwärmung benutzt man bei kleineren Arbeiten den Lötkolben aus Aluminium, Kupfer oder Stahl und bei größeren Arbeiten die Lötlampe oder gar den Schweißbrenner. Die Hauptanwendungsgebiete sind vor allem das Ausbessern von porösen Stellen, kleinen Löchern, Rissen usw. in Gußstücken und feine Verbindungsarbeiten in der Elektrotechnik.

Neben diesen Reibloten verwendet man auch sog. Reaktionslote in Pulver- oder Pastenform, bei denen sich bei der Erhitzung das Lotmetall ausscheidet und die Bindung mit dem Aluminium herbeiführt.

Alle diese Weichlote sind jedoch mehr oder weniger unbeständig, da sie infolge ihres höheren elektrischen Potentials gegenüber den Leichtmetallen mit diesen galvanische Elemente bilden und infolgedessen schnell zersetzt werden. Die Haltbarkeit kann erhöht werden, wenn die Lötstellen mit Farbe, Lack od. dgl. überzogen werden.

**b)** Hartlöten. Über die Zusammensetzung von Hartloten ist wenig bekannt, da sie von den Herstellern möglichst geheimgehalten wird. Im allgemeinen bestehen sie aber aus aluminiumreichen Legierungen mit etwa 70···95% Aluminium, um sie durch Anpassung an das zu lötende Leichtmetall recht korrosionsfest zu machen, andererseits müssen sie zur Erniedrigung des Schmelzpunktes mehrere Legierungszusätze besitzen. Der Schmelzpunkt gut zusammengesetzter Hartlote liegt etwa 30···100° niedriger als der des Aluminiums.

Erhitzt wird mit dem Lötbrenner, der Lötlampe und bei größeren Stücken mit dem Schweißbrenner. Geeignete Gasgemische sind: Leuchtgas oder Azetylen mit Preßluft; Leuchtgas, Wasserstoff oder Azetylen mit Sauerstoff. Das letzte Gemisch erzeugt sehr hohe Temperaturen und ist daher mit Vorsicht zu verwenden. Zur Beseitigung der Oxydhaut werden beim Hartlöten fast ausschließlich Flußmittel in Form feingemahlenen Pulvers oder wässeriger oder alkoholischer Lösungen wie Autogal, Firinit und andere gebraucht, die aus Gemischen der Chloride und Fluoride der Alkalien, Erdalkalien und Erdmetalle bestehen, wobei auch Lithiumsalze eine besondere Rolle spielen.

Sauber ausgeführte Hartlötstellen besitzen eine gute Festigkeit und sind gegen Luft, Feuchtigkeit, Salzlösungen usw. praktisch ebenso beständig wie Aluminium. Auch ihre Farbe kann dem zu lötenden Werkstoff völlig angepaßt werden und verändert sich kaum mit der Zeit. Die Brauchbarkeit von Lötverbindungen kann durch Schliff- und Röntgenuntersuchungen oder durch einfache technologische Prüfungen, wie Hämmern und Biegen, ermittelt werden. Die Korrosionsbeständigkeit wird meist durch einen beschleunigten Korrosionsversuch, durch Kochen in Wasser oder einer Kochsalzlösung, nachgeprüft.

Für Elektron sind geeignete Lötverfahren bisher noch nicht gefunden worden. Mit einem Kadmiumlot lassen sich zwar für einige Zeit haltbare Weichlötungen herstellen, brauchbare Hartlötungen dagegen sind noch nicht gelungen.

**2. Schweißen**[1]**.** Die Leichtmetalle lassen sich bei sachkundiger Ausführung einwandfrei schweißen. Im großen und ganzen gelten hierfür dieselben Gesichtspunkte wie für das Hartlöten. In erster Linie kommt es darauf an, die für eine gute Bindung störende Oxydhaut zu beseitigen, was durch Anwendung geeigneter Flußmittel erreicht wird. Diese bestehen hauptsächlich aus Mischungen von Fluoriden, Chloriden, Sulfaten u. ä., die in Pulver- oder Breiform auf das zu schweißende Stück aufgebracht werden.

Bewährte, im Handel erhältliche Schweißmittel sind u.a. Autogal (I.G. Farben) und Firinit (Dr. Rostosky).

**a)** Hammerschweißen. Die zu verbindenden Teile müssen an der Schweißstelle sorgfältig gereinigt und blank geschabt und die Ränder möglichst abgeschrägt werden. Sodann werden die Schweißstellen auf 450 bis höchstens 520° erhitzt und die Nahtflächen mit starken Schlägen ineinander gehämmert. Hierdurch wird die Oxydhaut mechanisch zertrümmert und das Metall fest verschweißt, so daß Verbindungen mit hoher Festigkeit und Widerstandsfähigkeit gegen chemische Einflüsse entstehen. Flußmittel brauchen hierbei nicht verwendet zu werden. Dieses Verfahren erfordert immerhin große Sorgfalt, so daß es nur von geschultem Personal ausgeführt werden sollte. Hammerschweißungen sind vorteilhaft bei vergütbaren Werkstoffen anzuwenden, da infolge der Knetbearbeitung der an sich

[1] „Das Schweißen der Leichtmetalle". Werkstattbücher Heft 85 (1941).

weichgeglühten Schweißstellen eine Wiedervergütung zur Erhöhung der Festigkeitseigenschaften möglich ist.

**b)** Gasschmelzschweißen. Dieses Verfahren, auch autogenes Schweißen genannt, herrscht allgemein vor, weil die Arbeitsweise verhältnismäßig einfach und billig ist. Als Brenngas dient Azetylen, Wasserstoff, Leuchtgas, Benzolgas u. dgl. Die Schweißdrähte sollen möglichst dieselbe Zusammensetzung aufweisen wie der zu schweißende Werkstoff. Grundsätzlich wird mit Flußmitteln (Autogal, Firinit) gearbeitet, doch ist sorgfältig darauf zu achten, daß keine Flußmittelreste in der Naht zurückbleiben, da sie später schwere Korrosionen hervorrufen können. Auch Schweißpulverreste müssen durch Abspülen bzw. Abbeizen mit Lauge sorgfältig entfernt werden. Die Nahtkanten werden metallisch blank gemacht und bei stärkeren Blechen und Gußstücken abgeschrägt. Dünne Bleche können aufgebördelt und ohne Zusatzmetall geschweißt werden. Gußstücke sind zur Verhütung von Wärmespannungen gut vorzuwärmen, u. U. muß das ganze Stück nach dem Schweißen nochmals ausgeglüht werden. Aluminium und sämtliche Aluminiumlegierungen sind schweißbar, doch muß bei vergüteten Legierungen mit einer verringerten Festigkeit in und in der Nähe der hocherhitzten Schweißnaht gerechnet werden.

Elektron in Form von Guß, gepreßten Profilen und Blechen läßt sich ebenfalls bei Einhaltung besonderer Maßnahmen autogen schweißen. Am günstigsten verhält sich die Legierung AM 503. Als Schweißmittel dient Autogal der I. G. Farbenindustrie.

Schweißmittelreste dürfen unter keinen Umständen in den Nähten verbleiben, so daß nur Stumpfschweißungen in Frage kommen. Zweckmäßige Nahtanordnungen sind in Abb. 33 angegeben. Die Schweißränder werden mechanisch blank gemacht und gut zusammengepaßt. Als Schweißdraht wird immer die gleiche Legierung genommen. Bei langen Nähten werden vorteilhaft die zu verschweißenden Bleche erst alle 2···4 cm durch Schweißpunkte miteinander verbunden. Die Flamme muß, um keine Löcher in das Blech zu brennen, möglichst flach liegen und so, daß die Flammenspitze der Schweißung vorauseilt. Das Mischungsverhältnis von Sauerstoff zu Azetylen weicht von dem bei Eisen üblichen ab und ändert sich ebenso wie die Ausströmungsgeschwindigkeit an der Brennerdüse mit der Blechstärke. Nach dem Schweißen müssen die Flußmittelreste mit Wasser sauber abgewaschen und die Teile nach dem Chromat-Salpetersäure-Verfahren (s. S. 25) gebeizt werden.

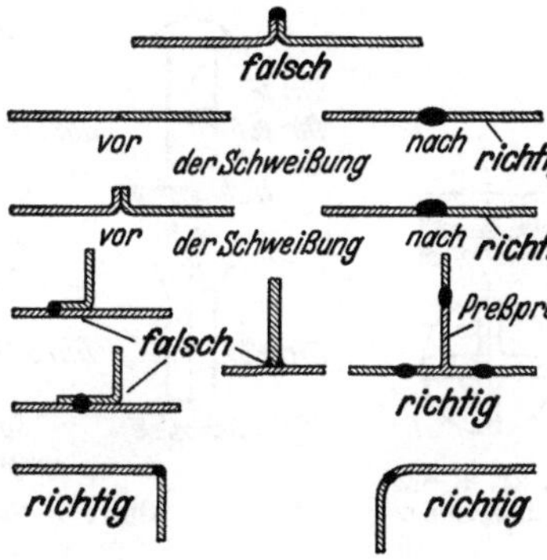

Abb. 33. Schweißnahtanordnung für Elektron.

**c)** Elektrisches Schweißen. Hierzu gehören die Widerstands- und Lichtbogenschweißung, die in neuerer Zeit immer größere Verbreitung finden. Punkt-, Naht- und Stumpfschweißungen werden auf elektrischen Schweißmaschinen in gleicher Weise wie bei Stahl und Eisen ausgeführt. Beim Lichtbogenschweißen macht sich, wie übrigens bei sämtlichen Schweißverfahren, die sich auf dem flüssigen Aluminium immer neu bildende Oxydhaut, die eine einwandfreie metallische Verbindung verhindert, störend bemerkbar. Dieser Übelstand wird bei dem Arcatom-Schweißverfahren der AEG., das auf Erfindung von Langmuir und Alexander zurückgeht, durch Wasserstoff-Schutzgas beseitigt, so daß unbedingt dichte und oxydfreie Schweißnähte entstehen. Flußmittel werden auch beim elektrischen Schweißen in der üblichen Weise angewendet.

**3. Nieten und Schrauben.** Nur in Ausnahmefällen, wenn Leichtmetallniete oder die für ihre Verarbeitung notwendigen Werkzeuge nicht vorhanden sind, können Eisenniete verwendet werden. Bis etwa 5 mm Stärke können sie kalt, bei größerem Durchmesser müssen sie aber warm bei mindestens 700° geschlagen werden. Zu beachten ist dabei, daß die hartgewalzten bzw. vergüteten Leichtmetallbleche infolge der hohen Temperatur ihre erhöhten Festigkeitswerte einbüßen. Aus diesem Grunde sollten daher nur kaltgeschlagene Leichtmetallniete verwendet werden. Als Nietwerkzeuge kommen gewöhnliche Hand-Döpper, Preßlufthämmer mit selbsttätig oder von Hand gedrehtem Döpper und Nietmaschinen in Frage. Für den Nietvorgang selbst ist möglichst geringer Arbeitsaufwand, möglichst große Festigkeit bei kleinster Masse und möglichst große Laibungsfläche und daher ein verhältnismäßig kleiner Nietdurchmesser bei erhöhter Nietzahl zu fordern. Die letzte Forderung ist dadurch bedingt, daß die kaltgeschlagenen Leichtmetallniete, im Gegensatz zu den Eisennieten, ihre Scherkräfte durch die Lochlaibung übertragen, weil ihre axiale Anpressung verhältnismäßig gering ist. Hieraus ergibt sich weiter, daß Loch- und Nietdurchmesser gut zueinander passen müssen, wofür sich folgende Spielräume bewährt haben:

| | |
|---|---|
| Kreuzschlagdöpper: | 0,1 mm Spielraum für 4···10 mm Nietdurchmesser, |
| | 0,1···0,2 mm Spielraum für 10···16 mm Nietdurchmesser, |
| gewöhnlicher Döpper: | 0,1 mm Spielraum bis 4 mm Nietdurchmesser, |
| | 0,2 mm Spielraum für 4···8 mm Nietdurchmesser. |

Die erste Forderung nach möglichst geringem Arbeitsaufwand wird am besten mit dem umlaufenden Kreuzschlagdöpper (Abb. 34) erfüllt, der in schneller Folge nur kleine Teile des Kopfes staucht. Geeignete Kopfformen sind in Abb. 35 wiedergegeben. Der Abstand der Niete voneinander ist 2,5···3 d und vom Rande etwa 1,6···2 d zu wählen. Bei wasserdichten Nähten wird eine doppelte Reihe von Nieten in Dreieckstellung mit einem Abstand von 2,5···3 d genommen. Bei Elektron verwendet man für die Niete Reinaluminium oder die Legierungen Mg-Al 3 (117) und Mg-Al 6 (118).

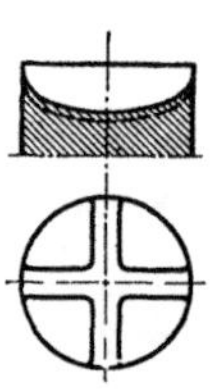

Abb. 34. Kreuzschlagdöpper.

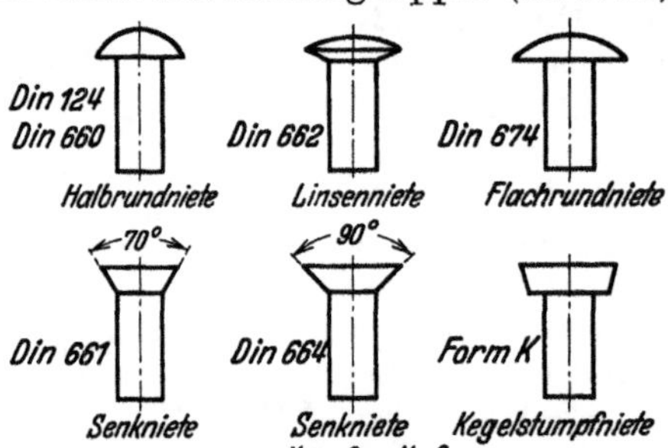


Abb. 35. Nietkopfformen.

Bei Schraubenverbindungen ist die Weichheit der Leichtmetalle für die tragende Gewindelänge dadurch zu berücksichtigen, daß diese 25···35% größer gemacht wird als bei Eisen. Häufiges Lösen der Schrauben ist wegen der stärkeren Abnutzung nicht zu empfehlen. Als Gewindeform eignen sich am besten Trapez- oder andere normale Grobgewinde.

# IV. Oberflächenbehandlung.

**1. Mechanische Behandlung. a)** Schleifen, Bürsten und Polieren. Für das Schleifen und Schmirgeln werden Schleifräder aus Siliziumkarbid mit elastischer Bindung und Schleifscheiben aus Filz mit aufgeleimtem Schmirgelpulver oder filzbelegte Metallscheiben verwendet. Auch Holzscheiben mit aufgeleimtem Schmirgeltuch oder -leder sind im Gebrauch, doch muß bei diesen die Auswuchtung wegen Unfallgefahr bei den hohen Umdrehungsgeschwindigkeiten besonders sorgfältig erfolgen. Als Schleifmittel kommt Schmirgelpulver und Schmirgelleinen in den Körnungen 1 bis 8/0 in Betracht. Das Bürsten wird mit rotierenden Stahldrahtbürsten vorgenommen. Die so entstehenden Oberflächen haben einen gleichmäßigen matten Glanz und bilden eine gute Grundlage für Farb- und Lackanstriche. Durch Polieren wird eine vorzügliche, hochglänzende Oberfläche erzielt, deren ursprünglicher Glanz durch einfaches Putzen immer wiederhergestellt werden kann. Zum Polieren werden Schwabbelscheiben aus festen Geweben oder Leder und als Poliermittel Pasten benutzt, die aus einem Gemisch von Bimssteinpulver, Wiener Kalk oder Polierrot mit Talg, Paraffin oder Wachs als Bindemittel bestehen.

Elektron läßt sich zwar auch hochglanz polieren, doch wird die Politur nach kurzer Zeit wieder matt.

**b)** Sandstrahlen. Guß- und Schmiedestücke sowie auch Bleche können zur Erzielung einer mattgrauen Oberfläche mit dem Sandstrahlgebläse behandelt werden. Wegen der geringen Härte der Leichtmetalle darf naturgemäß nur mit feinem Sand und geringem Druck gearbeitet werden.

**c)** Anstriche. Durch Farben und Lacke lassen sich die Leichtmetalle dauerhaft anstreichen, doch gehört hierzu eine gewisse Erfahrung. Geeignete Anstrichmittel werden in großer Anzahl für die verschiedensten Verwendungszwecke hergestellt, aber es empfiehlt sich, in jedem Falle von den Herstellerfirmen genaue Behandlungsvorschriften einzufordern, die peinlichst zu befolgen sind. Wichtig ist, daß die zu streichenden Flächen vorher sorgfältig gereinigt werden. Zur Reinigung und Entfettung wird Benzin, Soda oder Natronlauge, gelegentlich auch ein feines Sandstrahlgebläse verwendet. Die Reinigungsmittel selbst müssen dann wieder durch genügendes Spülen und Trocknen sorgsam entfernt werden.

**2. Chemische Behandlung. a)** Beizen. Eine reine metallische Oberfläche wird durch Beizen erzielt. Vorher müssen die Teile in kochendem Seifenwasser, Benzin und dergleichen gründlichst gereinigt werden. Dann wird mit einer $50\cdots80^0$ warmen, 10proz. Natronlauge in einem Eisenbehälter gebeizt und hinterher in 10proz. Salpetersäure in einem Behälter aus Reinaluminium oder Steingut abgespült. Etwa noch anhaftende Säure- und Laugenreste müssen durch Spülen sorgfältig entfernt werden, um spätere Anfressungen zu vermeiden. Zur Erzielung einer silberweißen Oberfläche beizt man in 50proz. Natronlauge und darauf in 10proz. Salzsäure oder 30proz. Schwefelsäure. Das Beizen von Elektron ist bereits auf S. 25 behandelt.

**b)** Elektrische Oxydation. Die sich an der Luft auf den Leichtmetallen natürlich bildende Oxydschicht kann auch auf elektrischem Wege künstlich in verstärktem Maße erzeugt werden. Diese elektrische Oxydation, auch als anodische oder elektrolytische Oxydation bezeichnet, ist in Deutschland unter dem Namen „Eloxal-Verfahren“ (Elektrisch **o**xydiertes **Al**uminium) bekannt. Die so erzeugten Eloxalschichten besitzen eine Reihe wertvoller Eigenschaften, die kurz in folgendem bestehen: Die Schicht ist in das Grundmetall hineingewachsen, so daß ein Abblättern oder Abspringen unmöglich ist und die Maßhaltigkeit der Teile praktisch gewahrt bleibt. Die Schicht hat eine hohe Härte und Verschleißfestigkeit und besitzt eine große chemische Widerstandsfähigkeit. Außerdem besitzt die Eloxalschicht als nichtmetallisches Oxyd eine hohe elektrische Isolationsfähigkeit und ein großes Strahlungsvermögen, das bis zu $90^0$ des Wärmestrahlungsvermögens des „schwarzen Körpers“ beträgt.

Das Verfahren besteht darin, daß der zu oxydierende Gegenstand zusammen mit einer Gegenelektrode in einen Elektrolyten, hauptsächlich Oxalsäure oder Schwefelsäure, gebracht und entweder eine Wechselstrom- oder Gleichstromspannung angelegt wird. Die besten Ergebnisse werden auf Reinaluminium und den Cu-freien und Si-armen Aluminiumlegierungen erzielt. Auf den anderen Legierungsgruppen ist die Schicht nicht ganz so hart und verschleißfest, erhöht aber auch da die Korrosionsfestigkeit beträchtlich. Für ein einwandfreies Eloxieren sind saubere, fehlerlose und fettfreie Oberflächen unerläßlich, die durch Behandlung mit schwach alkalischen Lösungen oder mit Trichloräthylen bzw. durch Beizen erhalten werden. Jede Eloxalschicht ist, bedingt durch das elektrolytische Verfahren, porös und muß daher nachgedichtet werden. Hierzu bedient man sich Mittel wie Leinölfirnis, Paraffin, Wachs, Lanolin u. a. Die Porosität und Saugfähigkeit der Eloxalschichten ist andererseits der Grund dafür, daß sie einen ausgezeichneten Haftgrund für jegliche Anstriche abgeben und sich mit organischen Farbstoffen in den schönsten Farben und Farbtönen anfärben lassen. Schließlich können die Eloxalschichten auch lichtempfindlich imprägniert werden, so daß sich darauf photographische Abzüge wie auf Photopapier herstellen lassen (SEO-Photoverfahren, Abkürzung für „Siemens-Elektro-**O**xydation").

Bei Magnesium und Magnesiumlegierungen hat die anodische Oxydation, die hier z. Z. noch zu umständlich und kostspielig ist, keine besseren Ergebnisse gezeitigt, als sie mit einfacheren und billigeren Beizverfahren erreicht werden. Die Arbeiten sind aber weiter im Gange und lassen Fortschritte erwarten.

c) Chemische Oxydation. Oxydische Überzüge werden auf chemischem Wege hauptsächlich nach dem MBV- (**M**odifiziertes **B**AUER-**V**OGEL-) Verfahren auf Reinaluminium und allen Cu-freien Aluminiumlegierungen erzeugt. Dieses Verfahren bildet eine hell- bis dunkelgrau gefärbte, korrosionsbeständige Schutzschicht, die mit dem Untergrund fest verwachsen ist und daher selbst bei stärksten Verformungen nicht abblättert. Die MBV-Schicht ist gegenüber Seewasser, Alkohol, Benzin, Entwicklerlösungen, Kupfervitriol, Schwefelsäuredämpfen und vielen anderen Stoffen vollkommen beständig, doch nicht gegen Säuren und Alkalien.

Das Verfahren besteht darin, daß die zu schützenden Gegenstände mindestens 5 Minuten bis längstens 1 bis 2 Stunden in eine siedende, wässerige Lösung (Temperatur über 90°) eines leichtlöslichen Salzgemisches, das gebrauchsfertig zu beziehen ist, eingebracht und danach gründlich mit klarem Wasser abgespült werden. Zur Erhöhung der chemischen Eigenschaften wird nunmehr die Schutzschicht nachbehandelt, indem man die Teile in eine 2···5proz. Wasserglaslösung etwa 10···15 Minuten lang eintaucht und gegebenenfalls in einer offenen Flamme ausglüht. Ein weiteres, wirksames Nachbehandlungsmittel ist der Hareslack EL (Firma Römmler AG., Spremberg), der nach dem Trocknen noch bei 120···140° eingebrannt wird.

Ein dem vorgenannten ähnliches Verfahren ist das JIROTKA-Verfahren, bei dem die zu behandelnden Gegenstände ebenfalls in ein Bad, das Salpetersäure und lösliche Salze von Schwermetallen enthält, getaucht werden. Ein matter oder auch irisierender Überzug entsteht, wenn die Teile noch einige Zeit in konzentrierte Salpetersäure gebracht werden. Auch diese Schichten sind zur Erhöhung des Korrosionsschutzes notwendigerweise mit Überzuglacken zu versehen.

d) Chemische Färbung. Haltbare Oberflächenfärbungen auf Leichtmetallteilen können in allen möglichen schönen Farbtönen hergestellt werden, wenn die Teile vorher nach dem Eloxal- bzw. MBV-Verfahren einen Haftgrund erhalten haben. Neben diesen gibt es eine große Anzahl chemischer Färbeverfahren durch Eintauchen in entsprechende Bäder, die jedoch in bezug auf Schutzwirkung und Haltbarkeit den vorgenannten nachstehen, aber leicht und billig auszuführen sind. Es können Farbtöne in Grau, Schwarz, Braun, Gelb (messingfarben), Rot, Blau und Lüsterfarben hervorgerufen werden. Die einzelnen, zahlreichen Arbeitsverfahren hierzu können im Rahmen dieses Büchleins nicht angegeben werden und sind dem einschlägigen Fachschrifttum zu entnehmen.

**3. Metallische Überzüge.** a) Plattieren. Bei diesem Verfahren werden die hohen mechanischen Eigenschaften aushärtbarer Aluminiumlegierungen mit den guten Korrosionseigenschaften des Reinaluminiums oder einer geeigneten, ebenfalls aushärtbaren Legierung zu einem „Bimetall" vereinigt, indem das Aluminium als Deckschicht von 0,1···1 mm Dicke auf das Grundmetall aufgebracht wird. Die bekannten Verfahren bestehen darin, daß die Schichten aufgegossen oder als Blech aufgebracht werden, die dann bei Weiterverarbeitung durch Warm- und Kaltschweißen innig verbunden werden. Die Haftfähigkeit zwischen den Schichten ist so groß, daß selbst bei stärksten Biegebeanspruchungen die Schicht nicht abblättert. Derartige plattierte Werkstoffe sind bereits auf S. 12 näher beschrieben. Weiterhin werden Aluminium und Aluminiumlegierungen noch mit Kupfer, als sog. „Cupal", und schließlich mit Zinn, Zink, Blei, Kadmium und Silber ein- oder beidseitig plattiert.

b) Galvanische Überzüge. Metallische Überzüge von Kadmium, Chrom, Nickel, Kupfer, Silber u. a. lassen sich auf Aluminium und Aluminiumlegierungen auch auf galvanischem Wege aufbringen, doch gehört hierzu eine gewisse Erfahrung. Der Erfolg dieses Arbeitsverfahrens ist wesentlich abhängig von einer sorgfältigen Vorbehandlung der Oberflächen, die in einem Vorreinigen zur Beseitigung aller groben Fett- und Schmutzreste, in der Entfernung jeglicher Fettspuren und der Herstellung einer verankerungsfähigen Oberfläche durch Aufrauhen, Kontaktbeizen oder anodischer bzw. Schmelzoxydationsbehandlung besteht. Die Galvanisierung selbst erfordert eine genaue Kenntnis und Einhaltung von Stromstärke, Spannung und Temperatur der Bäder. Die Überzüge sind meist mehr oder weniger porös und erfordern daher noch eine Nachbehandlung, um an diesen Stellen eine durch den Potentialunterschied zwischen Deckschicht und Grundmetall verstärkt auftretende Korrosion zu verhindern. In den Poren befindliche Badreste werden zweckmäßig durch Austrocknen der Teile bei über 100$^0$ beseitigt und die Poren selbst durch Einlegen in heißes Öl oder Fett geschlossen.

Die Herstellung galvanischer Überzüge auf Magnesium und seinen Legierungen ist zwar in geeigneten Bädern möglich, doch sind die Schichten nicht porenfrei, so daß hier erhöhte Korrosionsgefahr besteht.

c) Spritzüberzüge. Nach dem Schoopschen Metallspritzverfahren lassen sich viele Metalle, selbst Stahl und Eisen, auf Aluminium aufspritzen, doch haften diese Schichten der Eigenart dieses Verfahrens entsprechend nur mechanisch ohne metallurgische Bindung an den Oberflächen an, so daß bei Stoß- und Biegebeanspruchung die Gefahr des Abspringens besteht. Außerdem sind diese Überzüge nicht porenfrei, weshalb besondere Vorsicht bei Magnesium und seinen Legierungen geboten ist.

## V. Chemische Eigenschaften.

**1. Verhalten gegen Sauerstoff.** Aluminium besitzt eine große Verwandtschaft zum Sauerstoff. Bei der Verbrennung zu Tonerde nach der Formel

$$2\,Al + 3\,O = Al_2O_3 + 392\,Cal$$

wird je Kilogramm Aluminium eine Wärmemenge von 7200 Cal frei. Diese thermische Eigenschaft tritt jedoch nur bei feinverteiltem pulverisiertem Aluminium auf und wird dergestalt technisch bei dem bekannten Thermit-Schweißverfahren ausgenutzt. Bei dickeren Stücken Aluminium verläuft jedoch die Sauerstoffreaktion selbst bei Temperaturen von 700···800$^0$ wegen seiner höheren Entzündungstemperatur und seines guten Wärmeleitvermögens träge. Von dem Luftsauerstoff wird Aluminium nur sehr wenig angegriffen, indem es sich bei Raumtemperatur langsam mit einer dünnen Oxydschicht überzieht, die das darunterliegende Metall vor weiterem Angriff schützt. Bei höherer Temperatur bildet die Oxydhaut sich schneller, und an der Oberfläche geschmolzenen Aluminiums augenblicklich.

Destilliertes Wasser greift, wenn es keinen Luftsauerstoff enthält, Aluminium weder bei Raumtemperatur noch bei Siedehitze an. Das gilt im allgemeinen auch für gewöhnliches Wasser; doch kann bei ungünstiger Wasserzusammensetzung und besonders nicht genügender Reinheit des Aluminiums Korrosion eintreten.

Quecksilber und Quecksilbersalze sind für Aluminium außerordentlich schädlich und zerstören es unaufhaltsam. Das entstehende Amalgam oxydiert mit dem Sauerstoff so stark, daß sich zusehends ganze Büschel eines weißen, moosartigen Oxyds bilden. Je reiner das Aluminium ist, um so stärker ist die zerstörende Wirkung, sie tritt dagegen bei Aluminium mit etwa 3 % Kupfer schon nicht mehr auf.

Die starke Verwandtschaft des Aluminiums zum Sauerstoff wird andererseits praktisch ausgenutzt zur Reinigung (Desoxydation) vieler Metalle, indem das Aluminium in der Schmelze nicht nur mit dem gelösten Sauerstoff oxydiert, sondern auch die vorhandenen Oxyde reduziert. In der Reihe der Metalle Na, K, Ca, Mg, Al, Si, Mn, Fe, Ni, Zn, Sn, Cu, Pb, Ag, die nach ihrer Bildungswärme in bezug auf die gleiche Gewichtsmenge Sauerstoff geordnet sind, kann jedes vorstehende Metall das nachfolgende aus seinem Oxyd reduzieren. Hieraus ist zu ersehen, daß Aluminium die hauptsächlich vorkommenden Metalloxyde zu reduzieren vermag.

Magnesium und seine Legierungen reagieren in feiner Verteilung als Staub oder Späne bei genügend hoher Temperatur ebenfalls heftig mit Sauerstoff, indem sie mit grellweißem Licht verbrennen. Bei dickeren Stücken kommt aber ebensowenig wie bei Aluminium ein „Brennen“ in Betracht. Von dem Sauerstoff werden sie lediglich an der Oberfläche angegriffen, indem sich eine dünne Oxydhaut bildet, die jedoch einen weiteren Angriff verhindert.

**2. Korrosion.** Unter Korrosion versteht man ganz allgemein den Angriff eines Metalles durch chemische Stoffe, und zwar in Gegenwart eines Nichtelektrolyten oder eines Elektrolyten. In Nichtelektrolyten, bei Gasen, wird unmittelbar ein Reaktionsprodukt gebildet, das meist das darunterliegende Metall vor weiterem Angriff schützt. In Gegenwart von Elektrolyten verläuft dagegen der Korrosionsvorgang elektrochemisch, d. h. es bilden sich Lokalelemente, die je nach dem zwischen ihnen herrschenden Spannungs- (Potential-) Gefälle galvanischer Zersetzung unterliegen. Die Stellung des Aluminiums in der Spannungsreihe (Tabelle 12) gibt daher einen Anhaltspunkt für sein Verhalten in Verbindung mit

Tabelle 12. Spannungsreihe einiger Elemente bei 20° gegen Wasserstoff.

| Element | K | Na | Ca | Mg | Al | Mn | Zn | Fe |
|---|---|---|---|---|---|---|---|---|
| Spannung (Volt) | —2,92 | —2,71 | —2,5 | —1,87 | —1,45 | —1,2 | —0,76 | —0,43 |

| Element | Ni | Sn | H | Cu | Ag | Pt | Au |
|---|---|---|---|---|---|---|---|
| Spannung (Volt) | —0,25 | —0,15 | ± 0,0 | + 0,35 | + 0,80 | + 0,87 | + 1,5 |

anderen Metallen. Hieraus ergibt sich die Regel, Aluminium in ungeschütztem Zustande möglichst nicht mit anderen Metallen zusammenzubringen, noch dazu, wenn sie in der Spannungsreihe weit von ihm entfernt liegen. Immerhin sind die angegebenen Zahlenwerte nur bedingt zu werten, da durch Art, Konzentration und Temperatur des Elektrolyten noch gewisse Veränderungen eintreten können.

Für die Bildung von Lokalelementen innerhalb des Aluminiums bzw. der Leichtmetallegierungen selbst ist weiterhin die Zusammensetzung, der physikalische Zustand und die Oberflächenbeschaffenheit von wesentlicher Bedeutung.

Das reinste Aluminium zeigt den besten Korrosionswiderstand, so daß das im Handel erhältliche Reinaluminium mit mindestens 99,5 % Al allen praktischen Anforderungen am besten entspricht. Die ständigen Verunreinigungen jedes Aluminiums an Silizium und Eisen sind als die Ursache von Korrosionen anzusehen. Ein größerer Siliziumgehalt an sich braucht jedoch noch nicht schädlich zu sein, wie das Silumin beweist; es kommt vielmehr darauf an, in welcher Form das Silizium im Aluminium enthalten ist. Bekanntlich liegt das Silizium in selbständigen Kristallen vor, die, weil hart und spröde, beim Walzen zertrümmert werden und zu Hohlräumen an der Blechoberfläche führen, die die Veranlassung zu späteren Korrosionen geben. Durch eine geeignete Warmbehandlung läßt sich aber die Größe und Menge der Siliziumkristalle weitgehend beeinflussen, wie schon an anderer Stelle (s. S. 17) näher ausgeführt wurde. Durch Glühen oberhalb 400° befindet sich alles Silizium im Aluminium in Lösung und wird auch bei nachfolgender schneller Abkühlung in Lösung gehalten oder nur in feinverteilter, unschädlicher Form ausgeschieden.

Eisen findet sich in der chemischen Verbindung $FeAl_3$ im Aluminium in der Form harter, spröder Kristalle an den Korngrenzen, ebenso Kupfer bei größeren Mengen, wenn es nicht mehr gelöst ist, in der chemischen Verbindung $CuAl_2$. Hierdurch ist die Gefahr der Korrosion durch Lokalelemente gegeben. Die in der Praxis gebräuchlichen Aluminium-Kupfer-Legierungen besitzen daher keine große Korrosionsbeständigkeit. Ganz verheerend wirkt sich das Vorhandensein elementaren Kupfers aus, das etwa in der Form kleiner Flitter in die Oberfläche eingewalzt bzw. eingezogen ist. Infolge des großen Spannungsunterschiedes zwischen Aluminium und Kupfer tritt hier ein starkes galvanisches Element auf, bei dem das Aluminium anodisch gelöst und in kurzer Zeit zerstört wird. Zink wirkt in ähnlicher Weise wie Kupfer, und es scheint, als ob Zink die Passivität des Aluminiums sehr herabsetzt. Mangan und Antimon dagegen üben offenbar eine korrosionshindernde Wirkung durch Bildung von Schutzschichten aus, so daß man diese Bestandteile häufig in korrosionsfesten Legierungen findet.

Es ist eine bekannte Tatsache, daß ein Stoff gegen chemischen Angriff um so widerstandsfähiger ist, je glatter seine Oberfläche ist. Das ist auch leicht erklärlich, da die Bildung einer Schutzschicht auf einer rauhen Oberfläche sehr erschwert wird und die Gefahr, daß sich in Poren, Riefen und Unebenheiten korrosionsfördernde Produkte festsetzen, groß ist.

**3. Prüfung auf Korrosionsbeständigkeit.** Die Korrosionsbeständigkeit der Werkstoffe ist oft von ausschlaggebender Bedeutung für ihre Verwendbarkeit, so daß es wünschenswert ist, sie durch einen eindeutigen Kurzversuch zu prüfen. Die Vielgestaltigkeit und Eigenart der Korrosionsvorgänge, die sich meist noch über einen längeren Zeitraum erstrecken, hat sich bisher jedoch noch nicht in eine allgemein befriedigende, kurzzeitige Prüfung hineinbringen lassen. In vielen Fällen ist man daher gezwungen, einen langdauernden Korrosionsversuch unter gleichen Bedingungen, unter denen später der Werkstoff praktisch arbeitet, anzusetzen. Immerhin lassen Kurzprüfungen eine gewisse Beurteilung über das Verhalten der Werkstoffe gegen chemischen Angriff zu. Voraussetzung für vergleichbare Ergebnisse ist, daß die Prüfungen unter gleichen Bedingungen ausgeführt werden. Hierzu gehört, daß schon beim Werkstoff seine Herstellung,

Bearbeitung und Behandlung berücksichtigt und gleiche Probenform und -abmessung gewählt wird. Die Deutsche Versuchsanstalt für Luftfahrt hat ein Schema (Abb. 36) aufgestellt, um eine gewisse Einheitlichkeit bei der Durchführung von Korrosionsprüfungen von Leichtmetallen anzustreben. Gebräuchliche Korrosionsprüfungen sind:

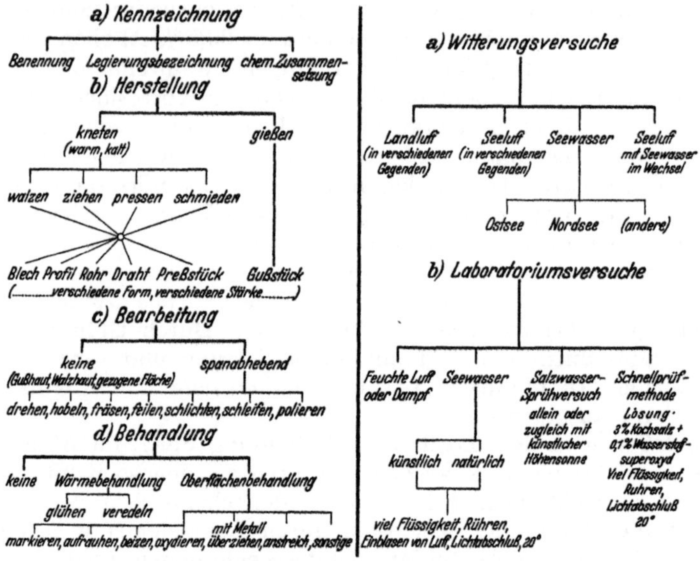


Abb. 36. Korrosionsprüfung von Leichtmetallen.

Die thermische Salzsäureprobe nach Mylius. Hierbei wird eine Probe von 20 cm² Oberfläche in ein Reaktionsrohr gebracht, das genau 20 cm³ Salzsäurelösung der Konzentration von 100 g Salzsäure auf 1 l enthält. Lufttemperatur während des Versuches 20°. Die durch die Reaktionswärme erzeugte Temperaturerhöhung wird abhängig von der Zeit gemessen. Zur Messung der Reaktionsgeschwindigkeit dient die Beobachtung eines Temperaturhöchstwertes; der mittlere Gradzuwachs in 1 min von $\frac{t-10}{\text{min}}$ wird die „Reaktionszahl" genannt.

Für dünne Bleche wird diese Probe auf eine „Dezimalprobe" abgeändert, indem das Probierrohr nur mit 5 cm³ einer 4proz. Salzsäurelösung gefüllt wird. Bei Verwendung einer 4proz. Natronlauge soll die „Alkalibeständigkeit" des Aluminiums festgestellt werden.

Oxydische Kochsalzprobe nach Mylius. Hierbei wird die Probe in eine wässerige Lösung von 1% Kochsalz mit 3% Wasserstoffsuperoxyd getaucht. Es wird die nach 24 Stunden Einwirkung gebildete Oxydmenge gewogen und aus dieser Wägung der Metallverlust auf 1 m² Oberfläche ausgerechnet.

Diese Proben wurden durch Rachwitz und Schmidt[1] durch Abänderung der Metallprobe und Verlängerung der Versuchsdauer auf 6 Stunden erweitert. Durch Biegler[2] wurde dieser Versuch noch dahin ergänzt, daß er über mehrere Tage ausgedehnt, immer nach 24 Stunden der Metallverlust festgestellt und frische Lösung zugesetzt wurde. Außerdem wird der Abfall der Biegezahlen ermittelt.

Bei den bei der Deutschen Versuchsanstalt für Luftfahrt (DVL.) durchgeführten Korrosionsversuchen werden die Proben abwechselnd in Seewasser

[1] Korrosion u. Metallschutz Bd. 2 (1926) S. 257.
[2] Z. Metallkde Bd. 18 (1926) S. 288.

bzw. Kochsalzlösung getaucht und an der Luft getrocknet. Nach Oberflächenbeschaffenheit, Gewichtsverlust und Veränderung der mechanischen Eigenschaften wird geurteilt. Weitere Korrosionsversuche werden in feuchter Luft (bis 100% Luftfeuchtigkeit), Salzwasser-Nebel, Wasserdampf und im Sprühnebel mit Süßwasser, Seewasser und 20proz. Kochsalzlösung angestellt.

Zur Feststellung der Korrosion von Metallblechen durch Motorenkraftstoffe ist von Wawrziniok[1] eine Methode entwickelt worden. Es werden je 4 Probestücke von 30 mm Durchmesser und etwa 0,5···2,5 mm Dicke derart in einen Glasbehälter gebracht, daß sich je 2 Probestücke dauernd am Grunde der Flüssigkeit befinden, während die beiden anderen von der Flüssigkeit überspült werden, wozu ein besonderer Apparat vorhanden ist. Die Versuche ergeben, daß eine Beanspruchungsdauer von 12 Tagen in der Spülmaschine derjenigen von 150···200 Tagen in ruhender Flüssigkeit gleichkommt.

Spannungskorrosionsversuche. Einige Werkstoffe, darunter Al-Mg- und Mg-Al-Legierungen, besitzen eine gewisse Spannungskorrosionsempfindlichkeit, d. h. sie reißen bei statischer Zug- oder Biegebelastung und gleichzeitiger Korrosionsbeanspruchung auf. Zur Prüfung dieser Werkstoffeigenart sind eine Reihe von Verfahren entwickelt worden, von denen die Schlaufenprobe (Abb. 37) für Bleche von 0,5···2,5 mm und die Gabelprobe (Abb. 38) für stärkeres Material, Schmiede- und Gußstücke am meisten angewendet wird. Die Ausführung der Schlaufenprobe mit einem 15 mm breiten Blechstreifen wird nach der vorliegenden

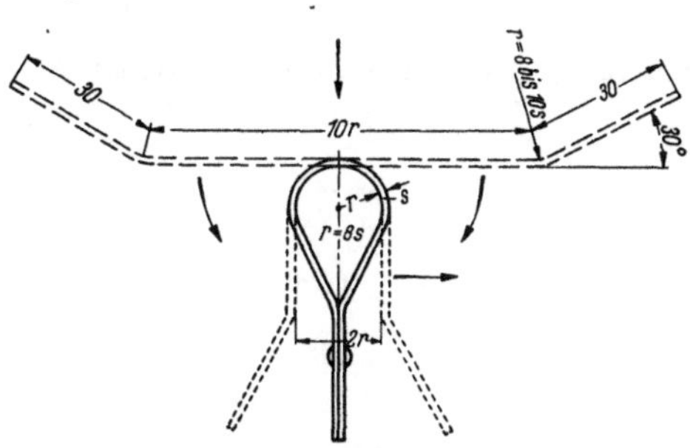

Abb. 37. Schlaufenprobe.

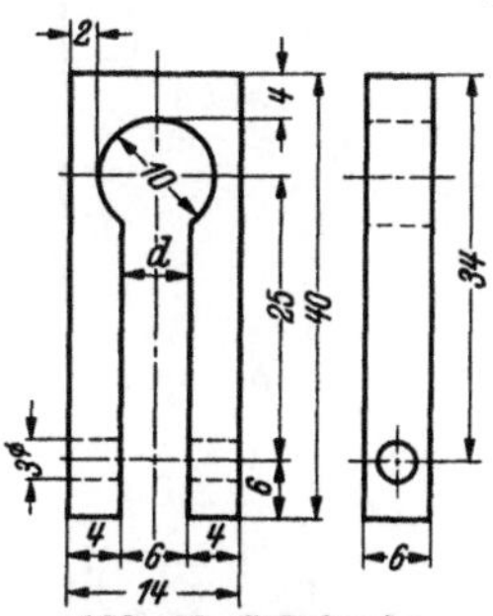

Abb. 38. Gabelprobe.

Abb. 37 ausgeführt, und bei der Gabelprobe nach Abb. 38 wird die Probe durch eine 3-mm-Schraube auf 3 mm zusammengespannt. Als Korrosionsmittel dient destilliertes Wasser, 3proz. NaCl-Lösung oder Seewasser im Sprüh- oder Wechseltauchverfahren, mitunter auch natürliche Bewitterung.

Die Korrosionsversuche müssen aufmerksam ausgewertet werden, um Trugschlüsse zu vermeiden. In erster Linie muß die Oberflächenveränderung beobachtet und verglichen werden. Zahlenmäßig vergleichbare Werte lassen sich aus der Gewichtsveränderung gewinnen, wobei jedoch darauf zu achten ist, daß nicht durch festhaftende Oxydreste die Ergebnisse der Wägung verfälscht werden. Zur Vervollständigung der Ergebnisse einer Korrosionsprüfung hat es sich häufig als zweckmäßig erwiesen, auch noch die Veränderung von Festigkeit und Dehnung durch die Korrosion festzustellen. Ein gewichtsmäßig stärkerer aber über die Fläche gleichmäßiger Angriff kann oftmals günstiger beurteilt werden als ein zwar gewichtsmäßig geringerer, aber örtlich dafür um so stärkerer Angriff, der erhebliche Festigkeitsverminderungen im Gefolge hat. Erst nach sorgfältigem Vergleich all dieser Faktoren vermag man sich ein richtiges Bild von dem Korrosionsverhalten eines Werkstoffes zu machen.

[1] Haus-Z. Aluminium, Heft 2 (1930) S. 65.

Tabelle 13. Zusammensetzung und Gütewe

| Nr. | Bezeichnung | Gattung nach DIN 1713 | Chemische Zusammensetzung in % | | | | | | | | |
|---|---|---|---|---|---|---|---|---|---|---|---|
| | | | Cu | Zn | Si | Mn | Mg | Fe | Ni | andere | A |
| **A. Aluminium.** | | | | | | | | | | | |
| 1 | Aluminium | DIN 1712 | nach DIN 1712 | | | | | | | | |
| **B. Aluminiumlegierungen. 1. Knetlegierungen.** | | | | | | | | | | | |
| 2 | Albondur | Al-Cu-Mg | wie Bondur, aber m. einer 5% dicken Schicht v. ReinAl auf beiden Seiten plattiert | | | | | | | | Rest Reinaluminium nach DIN 1712 mit den Beimengungen in handelsüblichen Grenzen |
| 3 | Aldrey | Al-Mg-Si | — | — | 0,5-0,6 | — | 0,4-0,5 | — | — | — | |
| 4 | Alkumag 300 | Al-Cu-Mg | 3,5-4,5 | — | 0,2-1 | 0,3-1,2 | 0,4-1,4 | — | — | — | |
| 5 | Allautal | Al-Cu | wie Lautal, aber m. einer 5% dicken Schicht v. ReinAl auf beiden Seiten plattiert | | | | | | | | |
| 6 | Aludur | Al-Cu-Mg | 3,5-5,5 | — | 0,3-0,6 | 0,3-1 | 0,3-0,7 | — | — | — | |
| 7 | Aludur 533 (Korrofestal) | Al-Mg-Si | — | — | 0,3-1 | 0,3-0,8 | 0,5-0,8 | — | — | — | |
| 8 | Aluman (AW 15) | Al-Mn | — | — | — | 1,4-1,6 | — | — | — | — | |
| 9 | Anticorodal | Al-Mg-Si | — | — | 0,9-1,1 | 0,6-0,8 | ~ 0,7 | — | — | — | |
| 10 | Avional D | Al-Cu-Mg | 3,5-5 | — | 0,2-0,8 | 0,4-0,8 | 0,5-0,8 | — | — | — | |
| 11 | Avional Z | Al-Cu-Mg | 3,5-5 | — | 0,2-0,8 | 0,4-0,8 | 0,5-0,8 | — | — | — | |
| 12 | Avional SK | Al-Cu-Mg | 3,5-5 | — | 0,2-0,8 | 0,4-0,8 | 0,5-0,8 | — | — | — | |

Leichtmetall-Legierungen.

| Zustand | Kurzzeichen | Spez. Gewicht | Elastizitäts-Modul | Elastizitäts-Grenze (0,02 %) | Streckgrenze (0,2 %) | Zugfestigkeit | Bruchdehnung | Kugeldruckhärte | Dauerfestigkeit (Umlaufbiegung) | Wärmeausdehnungskoeffizient | Elektr. Leitfähigkeit | Schmelzp. (Erstarrungsber.) | Lieferfirmen (s. S. 62.) | Text |
|---|---|---|---|---|---|---|---|---|---|---|---|---|---|---|
| | | $\gamma$ | $E$ | $\sigma_E$ | $\sigma_S$ | $\sigma_B$ | $\delta_{10}$ | $H$ | $\sigma_W$ | $\alpha$ | $L$ | | Nr. | Seite |
| | | g/cm³ | kg/mm² | kg/mm² | kg/mm² | kg/mm² | % | kg/mm² | kg/mm² | $\times 10^{-6}$ | $\frac{m}{\Omega\ mm^2}$ | °C | | |
| ch } für Bleche | | | | 1-2 | 3-4 | 8-10 | 30-20 | 20-25 | | 24-23 | | 658 | | |
| hart } bis 3 mm | Al 99 | 2,7 | | | | 12-14 | 10-6 | 25-35 | | | 35 | | | |
| t } Dicke | | | 6500 bis 7500 | 8-10 | 13-17 | 14-20 | 6-3 | 35-45 | | | | | | |
| ch } für Bleche | | | | 1-2 | 3-4 | 7-9 | 35-25 | 15-24 | 4-5 | | 36-36,5 | | | 3 |
| hart } bis 3 mm | Al 99,5 | 2,7 | | | | 9-12 | 15-10 | 24-30 | 5-6 | | | | | |
| t } Dicke | | | | 7-10 | 12-16 | 13-18 | 7-3 | 30-40 | 7,5-8 | | 35-35,5 | | | |

| Zustand | Kurzzeichen | $\gamma$ | $E$ | $\sigma_E$ | $\sigma_S$ | $\sigma_B$ | $\delta_{10}$ | $H$ | $\sigma_W$ | $\alpha$ | $L$ | Schmelzp. | Nr. | Seite |
|---|---|---|---|---|---|---|---|---|---|---|---|---|---|---|
| | | | | Festigkeit 5—8 % geringer als bei Bondur | | | | | | | | | 26 | 12 |
| als Draht, | | | | | | | | | | | | | 1 | 15 |
| ergütet und | | | | | | | | | | | | | | |
| achverdichtet | | 2,7 | | 18-22 | 27-31 | 30-35 | 9-5 | 70-80 | 26-28 | 23,0 | 30-33 | ca. 650 | | |
| ch | 300 W | 2,8 | | | | 18-26 | 25-14 | 45-75 | | | 21 | 650 | | |
| eßt hart | 300 P | | | | | 27-34 | 17-10 | 70-95 | | | | | | |
| ogen | 300 Z | | | | | 34-37 | 12-8 | 85-110 | | | | | 15 | |
| gütet | 300 V | | | 27-32 | | 40-46 | 26-14 | 90-125 | | | | | | |
| gütet und | | | | | | | | | | | | | | |
| achgezogen | 300 VZ | | | 34-40 | | 44-50 | 15-5 | 110-150 | | | | | | |
| | | | | Festigkeit 5—8 % geringer als bei Lautal | | | | | | | | | 26 | 15 |
| chgeglüht | 630 W | 2,80 | | | 10-13 | 15-20 | 25-20 | 40-50 | | 22,6-23 | 20-25 | 630-650 | | |
| gütet | 630 V | | | 20-23 | 24-27 | 37-40 | 22-15 | 100-110 | 15,5 | | | | 4 | |
| gütet und | | | | | | | | | 2 Mill. | | | | | |
| achverdichtet | 630 H | | | | 32-35 | 45-50 | 5-3 | 120-130 | Lastw. | | | | | |
| chgeglüht | 570 W | 2,80 | | | 11-13 | 18-20 | 25-15 | 45-55 | | 22,6-23 | 20-25 | 630-650 | | |
| gütet | 570 V | | | 22-25 | 25-28 | 38-42 | 22-15 | 100-120 | 16 | | | | | |
| gütet und | | | | | | | | | | | | | | 11 |
| achverdichtet | 570 H | | | | 35-38 | 50-55 | 4-2 | 130-140 | | | | | | |
| chgeglüht | 580 W | 2,80 | | | 12-16 | 25-32 | 25-15 | 60-90 | | 22,6-23 | 20-25 | 630-650 | | |
| gütet | 580 V | | | 24-26 | 27-30 | 42-48 | 20-15 | 110-125 | 16,5 | | | | | |
| gütet ½ hart | 580 ½H | | | 27-30 | 36-42 | 46-56 | 17-12 | 125-140 | | | | | | |
| gütet und | | | | | | | | | | | | | | |
| achverdichtet | 580 H | | | | 55-60 | 60-65 | 4-2 | 155-165 | | | | | | |
| ch | 533 W | 2,73 | | | 6-8 | 11-13 | 27-20 | 30-40 | | 22,6-23 | 30-33 | 630-650 | | |
| eschreckt | 533 V | | | 10-14 | 13-15 | 20-28 | 22-15 | 60-70 | | | 28-30 | | | |
| gehärtet | 533 VA | | 6500—7500 | 16-21 | 18-25 | 28-35 | 20-10 | 80-100 | 15 | | 28-30 | | 4 | 15 |
| t nachverformt | 533 H | | | | 32-36 | 35-42 | 10-2 | 100-120 | 2 Mill. | | 27-29 | | | |
| ßhart | 533 P | | | | 10-13 | 14-19 | 22-15 | 30-40 | Lastw. | | | | | |
| ch | W | 2,75 | | 2-5 | 4,5-6,0 | 10-12 | 40-30 | 27-32 | | | 25-32 | ca. 650 | | |
| hart, angelassen | ½ H | | | | 14-17 | 15-18 | 10-5 | 40-48 | | | 25-27 | | | |
| ,, abgewalzt | ½ H | | | | 10-12 | 12-16 | 14-8 | 40-48 | | | | | 3 | 17 |
| t | H | | | 9-12 | 18-22 | 19-23 | 6-8 | 50-60 | | | 23-25 | | | |
| ßqualität | Pr | | | | ca. 5,5-9 | 13-17 | 22-16 | 35-45 | | | | | | |
| ch | W | 2,7 | | | 6-7 | 11-13 | 27-20 | 30-38 | | 23,0 | 30-32 | ca. 640 | | |
| hart | A | | | 11-15 | 16-21 | 25-29 | 22-18 | 65-75 | 15 | | 24-26 | | | |
| t | B | | | 22-27 | 27-30 | 32-36 | 14-10 | 90-100 | 15 | | 26-28 | | 3 | 15 |
| erhart | C | | | | 33-38 | 36-42 | 6-2 | 110-120 | 10 Mill. | | | | | |
| ßqualität | Pr | | | | ~ 10-14 | 15-20 | 20-14 | 40-50 | Lastw. | | | | | |
| weich | 22 D | 2,8 | | 4-8 | 6-10 | 16-22 | 22-16 | 45-55 | | 22-23 | 28-30 | ca. 650 | | |
| ausge- } bis 1 mm | | | | 20-26 | 22-28 | 38-40 | 22-16 | 100-115 | 15-16 | | 19-21 | | | |
| härtet } über 1 mm | | | | 22-28 | 24-30 | 38-42 | 20-14 | 100-115 | 10 Mill. | | | | 3 | 11 |
| ausgehärtet und | | | | | | | | | Lastw. | | | | | |
| kalt verfestigt | | | | 28-32 | 30-34 | 42-46 | 15-10 | 120-140 | | | | | | |
| weich | 22 Z | | | 4-8 | 6-12 | 18-25 | 20-15 | 50-68 | | | | | | |
| ausgehärtet | | | | 28-34 | 30-36 | 42-50 | 22-16 | 110-130 | 2,5-3,5 | | | | | |
| ausgehärtet und | | | | | | | | | | | | | | |
| kalt verfestigt | | | | 33-40 | 35-42 | 46-52 | 15-10 | 125-145 | | | | | | |
| file ausgehärtet | | | | 22-28 | 24-30 | 40-46 | 20-16 | 100-120 | | | | | 3 | 11 |
| material } b. 20 cm² | | | | 28-36 | 30-38 | 44-50 | 18-12 | 110-125 | | | | | | |
| Quersch. } üb. 20 cm² | | | | 33-40 | 35-42 | 46-55 | 16-10 | 115-130 | | | | | | |
| re ausgehärtet | | | | 32-36 | 34-38 | 42-48 | 16-10 | 110-130 | | | | | | |
| che ausgehärtet | 22 SK | | | 32-37 | 34-39 | 46-50 | 18-14 | 110-130 | 2,5-3,5 | | | | 3 | 11 |
| file ausgehärtet | | | | 34-40 | 36-42 | 48-58 | 16-10 | 110-130 | | | | | | |

Tabelle 13. Zusammensetzung und Gütew

| Nr. | Bezeichnung | Gattung nach DIN 1713 | Chemische Zusammensetzung in % | | | | | | | | |
|---|---|---|---|---|---|---|---|---|---|---|---|
| | | | Cu | Zn | Si | Mn | Mg | Fe | Ni | andere | A |
| 13 | Bondur | Al-Cu-Mg | 3,5-5,5 | — | 0,3-0,5 | 0,3-1 | 0,2-0,7 | — | — | — | Rest Reinaluminium nach DIN 1712 mit den Beimengungen in handelsüblichen Grenzen |
| 14 | Bondurplat | Al-Cu-Mg | wie Bondur, aber m. ein. 5% dicken Schicht kupferfrei. Leg. a. beid. Seiten platt. | | | | | | | | |
| 15 | BS-Seewasser | Al-Mg | —<br>—<br>— | —<br>—<br>— | 0,2<br>0,2<br>0,2 | 0,3-0,5<br>0,3-0,4<br>0,2-0,3 | 4,8-5,2<br>7-7,7<br>9-10 | —<br>—<br>— | —<br>—<br>— | —<br>—<br>— | |
| 16 | Deltal | Al-Mg-Si | — | — | 0,3-1,5 | 0,2-1,5 | 0,5-2 | — | — | — | |
| 17 | Deltumin | Al-Cu-Mg | 3,5-5,5 | — | 0,2-1,5 | 0,1-1,5 | 0,2-2 | — | — | — | |
| 18 | Donal | Al-Mn | — | — | 0,3-0,5 | 1-2 | — | — | — | — | |
| 19 | Duralumin | Al-Cu-Mg | 2,5-5,5 | — | 0,2-1 | bis 1,2 | 0,2-2 | — | — | — | |
| 20 | Duralplat | Al-Cu-Mg | wie Duralumin, mit kupferfreiem Duralumin auf beiden Seiten plattiert | | | | | | | | |
| 21 | Duralumin W | Al-Cu-Ni | 3,5-4,5 | — | — | — | 1-1,8 | — | 1,8-2,2 | — | |
| 22 | Duralumin K | Al-Mg-Si | — | — | 0,3-1,5 | bis 1,5 | 0,5-2 | — | — | — | |

n Leichtmetall-Legierungen (Fortsetzung).

| Zustand | Kurzzeichen | Spez. Gewicht | Elastizitäts-Modul | Elastizitäts-Grenze (0,02 %) | Streckgrenze (0,2 %) | Zugfestigkeit | Bruchdehnung | Kugeldruckhärte | Dauerfestigkeit (Umlaufbiegung) | Wärmeausdehnungskoeffizient | Elektr. Leitfähigkeit | Schmelzp. (Erstarrungsber.) | Lieferfirmen (s. S. 62.) | Text |
|---|---|---|---|---|---|---|---|---|---|---|---|---|---|---|
| | | $\gamma$ | $E$ | $\sigma_E$ | $\sigma_S$ | $\sigma_B$ | $\delta_{10}$ | $H$ | $\sigma_W$ | $\alpha$ | $L$ | | Nr. | Seite |
| | | g/cm³ | kg/mm² | kg/mm² | kg/mm² | kg/mm² | % | kg/mm² | kg/mm² | $\times 10^{-6}$ | $\frac{m}{\Omega\ mm^2}$ | °C | | |
| *che und Bänder* | 17/65 V | 2,8 | | 22-26 | 26-32 | 40-44 | 20-15 | 100-120 | | 23 | 20 | 650 | | |
| | 17/65 VN | | | 28-32 | 32-36 | 44-50 | 15-10 | 120-145 | | | | | | |
| | 17/65 W | | | | | 18-22 | 20-15 | 50-60 | | | | | | |
| = vergütet | 17/35 V | | | 20-24 | 24-28 | 38-42 | 20-15 | 100-120 | | | | | | |
| = vergütet | 17/35 VN | | | 26-30 | 30-34 | 42-48 | 15-10 | 120-140 | | | | | | |
| nachvergütet | 17/35 W | | | | | 16-22 | 20-15 | 50-60 | | | | | | |
| = weichgeglüht | 17/39 V | | | 26-28 | 28-34 | 42-46 | 20-15 | 105-125 | | | | | | |
| | 17/39 VN | | | 32-36 | 36-40 | 46-52 | 15-10 | 125-150 | | | | | | |
| | 17/39 W | | | | | 18-22 | 20-15 | 50-60 | | | | | | |
| | 17/11 V | | | 28-32 | 32-36 | 46-52 | 20-12 | 115-135 | | | | | | |
| | 17/11 VN | | | 36-40 | 40-44 | 52-56 | 12-8 | 130-150 | | | | | | |
| | 17/11 W | | | | | 18-24 | 20-12 | 50-65 | | | | | 26 | 11 |
| ogene Rohre | 17/55 V | | | 20-24 | 28-34 | 38-42 | 20-12 | 100-120 | | | | | | |
| = vergütet | 17/39 V | | | 26-36 | 30-35 | 42-48 | 20-14 | 105-125 | | | | | | |
| | 17/69 V | | | 30-35 | 32-36 | 44-50 | 20-14 | 110-130 | | | | | | |
| | 17/11 V | | | 30-35 | 35-40 | 48-55 | 16-12 | 115-135 | | | | | | |
| reßte Profile | 17/65 V | | | 22-26 | 26-32 | 38-42 | 18-12 | 100-120 | | | | | | |
| 5 mm Dicke | 17/69 V | | | 26-30 | 28-34 | 40-45 | 18-12 | 110-130 | | | | | | |
| = vergütet | 17/11 V | | | 30-35 | 36-50 | 48-55 | 15-10 | 115-135 | | | | | | |
| reßte Stangen | 17/65 V | | | | 26-32 | 38-42 | 15-10 | 100-120 | | | | | | |
| bis 2000 mm²) | 17/39 V | | | | 28-34 | 42-46 | 15-10 | 110-130 | | | | | | |
| | 17/11 V | | | | 30-36 | 44-50 | 15-10 | 110-140 | | | | | | |
| | | | | Festigkeit 5—8 % geringer als bei Bondur | | | | | | | | | 26 | 12 |
| % Mg) weich | 63/05 W | 2,63 | | | 9-12 | 23-26 | 25-15 | 55-65 | | 25 | 13-18 | 630 | | |
| ,, halbhart | 63/05 H$\frac{1}{2}$ | | | | 12-18 | 25-30 | 15-8 | 70-80 | | für | | | | |
| % Mg) weich | 63/07 W | | | | 15-20 | 30-35 | 25-15 | 75-85 | | 20-100° | | | 26 | 15 |
| ,, halbhart | 63/07 H$\frac{1}{2}$ | | | | 20-25 | 35-40 | 15-8 | 90-100 | | | | | | |
| % Mg) weich | 63/09 W | 2,60 | 6500—6700 | | 20-25 | 35-50 | 25-15 | 80-90 | | | | 600 | | |
| ,, halbhart | 63/09 H$\frac{1}{2}$ | | | | 27-32 | 40-45 | 12-8 | 100-120 | | | | | | |
| ch | H 1 | 2,7 | | | | 13-15 | 25-18 | 40-50 | | 22-23 | | 650 | | |
| ßhart | H 0 | | | | 10-12 | 15-18 | 18-10 | 45-60 | | | | | | |
| t | H 8 | | | | 16-24 | 20-30 | 10-4 | 65-80 | | | | | | |
| eschreckt | H 12 | | | | 13-16 | 23-28 | 24-18 | 70-80 | | | 26-28 | | 6 | |
| gehärtet | H 4 | | | | 26-30 | 30-35 | 15-10 | 95-110 | | | | | | |
| gehärtet und kalt | | | | | | | | | | | | | | |
| erfestigt | H 6 | | | | 32-36 | 36-42 | 10-2 | 100-120 | | | | | | |
| ch | H 1 | 2,8 | | | | 18-24 | 20-15 | 45-60 | | 22-23 | | 640 | | |
| gehärtet | H 4 | | | | 24-32 | 38-46 | 20-15 | 100-125 | | | 19-21 | | | |
| gehärtet und kalt | | | | | | | | | | | | | 6 | |
| erfestigt | H 6 | | | | 30-40 | 43-52 | 14-8 | 120-150 | | | | | | |
| ch | H 1 | 2,75 | | | | 10-15 | 35-20 | 20-40 | | | | 650 | | |
| hart | H 7 | | | | 10-15 | 12-18 | 15-5 | 40-50 | | | | | 27 | |
| t | H 8 | | | | 15-20 | 18-25 | 5-2 | 50-60 | | | | | | |
| che und Bänder | | | | | | | | | 14-17 | 23,7 | 20-21 | ~650° | | |
| 6 mm dick | 681 ZB$\frac{1}{3}$ | 2,8 | | | 28-34 | 42-46 | 20-15 | 105-125 | 2 Mill. | bis | | | 7 | |
| edelt | DM 31 | | | | 32-36 | 46-52 | 20-12 | 115-185 | Lastw. | 26,2 | | | | |
| reßte Profile | | | | | | | | | | | | | | |
| ois 5 mm dick) | 681 ZB | | | | 28-34 | 40-45 | 18-12 | 110-130 | | | | | | |
| edelt | DM 31 | | | | 36-50 | 46-55 | 15-10 | 115-135 | | | | | | |
| reßte Stangen | | | | | | | | | | | | | | 10 |
| is 2000 mm²) | 681 ZB$\frac{1}{3}$ | | | | 28-34 | 42-46 | 15-10 | 110-130 | | | | | | |
| edelt | DM 31 | | | | 30-38 | 44-50 | 15-10 | 110-140 | | | | | | |
| gene Rohre | 681 ZB$\frac{1}{3}$ | | | | 30-35 | 42-48 | 20-14 | 105-125 | | | | | | |
| edelt | DM 31 | | | | 35-40 | 46-55 | 16-10 | 115-135 | | | | | | |
| ß- u. Schmiede- | | | | | | | | | | | | | | |
| tücke | 681 B | | | Festigkeitswerte nach Vereinbarung | | | | | | | | | | |
| edelt | DM 31 | | | | | | | | | | | | | |
| he und Bänder | | | | | | | | | | | | | | |
| is 3 mm dick) | 681 ZB$\frac{1}{3}$ | | | In Streckgrenze und Festigkeit 2—4 kg/mm² tiefer als die entsprechende Duralumin-Legierung | | | | | | | | | 7 | 12 |
| edelt | DM 31 | | | | | | | | | | | | | |
| ß-u.Schmiedestücke | (warm- | | | | 22-25 | 35-42 | mind. | 100-130 | | | | | 7 | 13 |
| edelt | fest) | | | | | | 10 | | | | | | | |
| ch | — | | | | 5-8 | 11-15 | 27-15 | 30-50 | | | 28-32 | | | |
| veredelt | — | 2,7 | | | 13-20 | 20-28 | 25-15 | 50-75 | | | | | 7 | 15 |
| m veredelt | — | | | | 18-25 | 28-35 | 20-10 | 70-100 | | | | | | |
| ßhart | — | | | | 9-12 | 13-20 | 20-10 | 35-55 | | | | | | |

Tabelle 13. Zusammensetzung und Gütewe

| Nr. | Bezeichnung | Gattung nach DIN 1713 | Chemische Zusammensetzung in % | | | | | | | | |
|---|---|---|---|---|---|---|---|---|---|---|---|
| | | | Cu | Zn | Si | Mn | Mg | Fe | Ni | andere | Al |
| 23 | Duranalium | (G)Al-Mg | — | — | — | 0,3-0,6 | 2,6-9 | — | — | — | Rest Reinaluminium nach DIN 1712 mit den Beimengungen in handelsüblichen Grenzen |
| 24 | Duranalium 2 S | Al-Mg-Mn | — | — | — | 1-2 | 2-2,5 | — | — | — | |
| 25 | Erges 4 | Al-Mg-Si | — | — | 0,8-1 | 0,6-0,8 | 0,6-0,8 | — | — | — | |
| 26 | F & G 1a<br>F & G 1b<br>F & G 1c<br>F & G 1d<br>F & G 1e | Al-Cu-Mg | 3-5,5 | — | 0,3-0,9 | 0,3-1 | 0,5-1,5 | — | — | — | |
| 27 | F & G 3 | Al-Cu | 5-6 | — | 1 | 0,5 | — | — | — | — | |
| 28 | F & G 4 | Al-Mg-Si | — | — | 0,5-1 | 0,8-1,5 | 0,5-1 | — | — | — | |
| 29 | F & G 5 | Al-Mg | — | — | — | 1,5 | 5-9 | — | — | — | |
| 30 | F & G 8 | Al-Mn | — | — | — | 1-2 | — | — | — | — | |
| 31 | Hathal A<br>Hathal B<br>Hathal C | Al-Cu-Mg<br>Al-Mg<br>Al-Mg-Si | 3-5<br>—<br>— | —<br>—<br>— | 0,3-0,5<br>0,2-1<br>0,5-1 | 0,4-1<br>0,2-0,6<br>0,3-1,5 | 0,3-1<br>2-8<br>0,8-1,5 | —<br>—<br>— | —<br>—<br>— | —<br>—<br>— | |
| 32 | Heddal | Al-Mn | — | — | — | 1,5 | — | — | — | — | |
| 33 | Heddenal 3,5<br>Heddenal 5<br>Heddenal 7 | Al-Mg<br>Al-Mg<br>Al-Mg | —<br>—<br>— | —<br>—<br>— | —<br>—<br>— | 0,5<br>0,5<br>0,5 | 3,5<br>5<br>7 | —<br>—<br>— | —<br>—<br>— | —<br>—<br>— | |

n **Leichtmetall-Legierungen** (Fortsetzung).

| Zustand | Kurz-zeichen | Spez. Gewicht | Elastizitäts-Modul | Elastizitäts-Grenze (0,02 %) | Streck-grenze (0,2 %) | Zug-festigkeit | Bruch-dehnung | Kugel-druckhärte | Dauerfestigkeit (Umlaufbiegung) | Wärmeausdehnungskoeffizient | Elektr. Leitfähigkeit | Schmelzp. (Erstarrungsber.) | Lieferfirmen (s. S. 62.) | Text |
|---|---|---|---|---|---|---|---|---|---|---|---|---|---|---|
| | | $\gamma$ | $E$ | $\sigma_E$ | $\sigma_S$ | $\sigma_B$ | $\delta_{10}$ | $H$ | $\sigma_W$ | $\alpha$ | $L$ | | Nr. | Seite |
| | | g/cm³ | kg/mm² | kg/mm² | kg/mm² | kg/mm² | % | kg/mm² | kg/mm² | $\times 10^{-6}$ | $\frac{m}{\Omega\,mm}$ | °C | | |
| ch | Mg 3 | | | | 6-12 | 18-25 | 25-15 | 45-65 | | | | 600-630 | | |
| „ | Mg 5 | 2,6 | | | 10-16 | 24-30 | 25-15 | 60-80 | | | | | 7 | 15 |
| „ | Mg 7 | | | | 14-20 | 30-35 | 25-15 | 70-90 | | | | | | |
| „ | Mg 9 | | | | 18-24 | 35-40 | 25-15 | 80-100 | | | | | | |
| ch | Mg 2 S | | | | 6-12 | 18-24 | 25-15 | 50-60 | | | | | | |
| bhart | | | | | 13-18 | 22-32 | 10-4 | 55-65 | | | | | 7 | 16 |
| t | | | | | 20-26 | 24-32 | 8-3 | 65-75 | | | | | | |
| ch | 4 W | 2,73 | | | 6-8 | 12-15 | 25-15 | 35-50 | | | | | | |
| bhart kalt verfestigt | 4 H½ | | | | 10-14 | 13-18 | 10-6 | 45-60 | | | | | | |
| t kalt verfestigt | 4 H | | | | 14-19 | 18-25 | 6-4 | 50-75 | | | | | | |
| eschreckt | 4 A | | | | 13-15 | 22-28 | 23-15 | 60-80 | | | | | 22 | |
| gehärtet | 4 AA | | | | 23-28 | 28-35 | 20-10 | 80-110 | | | | | | |
| gehärtet und kalt verfestigt | 4 AAH | | | | 32-36 | 35-42 | 10-2 | 100-120 | | | | | | |
| ch | 1 a W | | | | | 16-22 | 20-15 | 50-60 | | | | | | |
| gehärtet | 1 a V | | | 20-25 | 24-28 | 38-42 | 20-15 | 105-120 | | | | | | |
| gehärtet und kalt verfestigt | 1 a VV | | | 25-30 | 30-34 | 42-48 | 15-10 | 120-140 | | | | | | |
| ch | 1 b W | | | | | 18-22 | 20-15 | 50-60 | | | | | | |
| gehärtet | 1 b V | | | 26-28 | 30-32 | 38-45 | 20-15 | 115-130 | | | | | | |
| gehärtet und kalt verfestigt | 1 b VV | | | 32 35 | 36-40 | 46-52 | 15-10 | 130-150 | | | | | | |
| ich | 1 c W | 2,8 | | | | 18-22 | 20-15 | 50-60 | | | | ca. 650 | | |
| gehärtet | 1 c V | | | 22-26 | 26-30 | 38-44 | 20-15 | 110-125 | | | | | 9 | |
| gehärtet und kalt verfestigt | 1 c VV | | | 28-32 | 32-36 | 44-50 | 15-10 | 125-145 | | | | | | |
| ich | 1 d W | | | | | 18-22 | 20-15 | 50-60 | | | | | | |
| gehärtet | 1 d V | | 6500—7500 | 28-30 | 32-34 | 40-48 | 18-14 | 115-130 | | | | | | |
| gehärtet und kalt verfestigt | 1 d VV | | | 34-38 | 38-42 | 48-54 | 14-10 | 130-150 | | | | | | |
| ich | 1 e W | | | | | 18-24 | 20-15 | 50-65 | | | | | | |
| gehärtet | 1 e V | | | 28-32 | 32-36 | 46-56 | 16-12 | 115-130 | | | | | | |
| gehärtet und kalt verfestigt | 1 e VV | | | 36-40 | 40-44 | 50-56 | 12-8 | 130-150 | | | | | | |
| ich | 3 W | | | | | 16-22 | 25-15 | 50-60 | | | | | | |
| geschreckt | 3 A | 2,8 | | | 16-20 | 30-36 | 25-15 | 70-90 | | | | | | |
| gehärtet | 3 V | | | 18-22 | 20-24 | 38-45 | 20-15 | 100-125 | | | | ca. 630 | 9 | |
| gehärtet und kalt verfestigt | 3 VV | | | 22-26 | 30-40 | 42-50 | 10-2 | 120-140 | | | | | | |
| ich | 4 W | | | | | 11-15 | 25-15 | 30-40 | | | | | | |
| geschreckt | 4 A | | | | 10-15 | 20-30 | 20-15 | 55-65 | | | | | | |
| gehärtet | 4 V | | | 20-25 | 18-25 | 28-35 | 20-12 | 70-95 | | | | | | |
| gehärtet und kalt verfestigt | 4 VV | 2,7 | | | 32-36 | 35-42 | 10-2 | 100-120 | | | | ca. 650 | 9 | |
| vergütet ½ hart | 4 ½ H | | | | 10-14 | 13-18 | 10-5 | 40-50 | | | | | | |
| vergütet preßhart | 4 P | | | | 9-12 | 13-18 | 18-10 | 40-55 | | | | | | |
| vergütet hart | 4 H | | | | 15-20 | 18-25 | 6-4 | 50-60 | | | | | | |
| ich | 5 W | | | | 9-25 | 23-40 | 25-15 | 55-90 | | | | 600-630 | | |
| bhart | 5 ½ H | 2,65 | | | 12-32 | 25-45 | 15-8 | 70-120 | | | | | 9 | |
| ßhart | 5 P | | | | 9-12 | 23-40 | 25-15 | 55-90 | | | | | | |
| rt | 5 H | | | 8-16 | | 38-48 | 6-2 | | | | | | | |
| ich | 8 W | | | | | 9-12 | 30-20 | 20-25 | | | | | | |
| bhart | 8 ½ H | 2,7 | | | 10-15 | 12-18 | 15-5 | 35-45 | | | | ca. 650 | 9 | |
| ßhart | 8 P | | | | 4-7 | 10-15 | 25-15 | 25-35 | | | | | | |
| rt | 8 H | | | | 15-20 | 18-25 | 5-2 | 45-60 | | | | | | |
| nach Zustand | | | | | | 16-46 | 25-10 | 40-120 | | | | | | |
| ,, ,, | | | | | | 22-38 | 20-5 | 50-85 | | | | | 9 | |
| ,, ,, | | | | | | 10-30 | 22-6 | 30-80 | | | | | | |
| ich | | 2,75 | | | 4-6 | 10-12 | 40-30 | 28-82 | | | | | | |
| bhart | | | | | 10-15 | 12-16 | 15-8 | 40-50 | | | | | 25 | 17 |
| rt | | | | | 17-20 | 20-25 | 6-3 | 50-60 | | | | | | |
| preßt | | 2,6 | | | | 22-25 | 25-20 | 70-100 | 12-14 | 20-24 | 14-18 | 630 | | |
| und | | | | | | 23-27 | 22-15 | 70-100 | | | | | 25 | |
| zogen | | | | | | 32-36 | 25-20 | 80-100 | | | | | | |

Tabelle 13. Zusammensetzung und Gütewe

| Nr. | Bezeichnung | Gattung nach DIN 1713 | Chemische Zusammensetzung in % | | | | | | | | |
|---|---|---|---|---|---|---|---|---|---|---|---|
| | | | Cu | Zn | Si | Mn | Mg | Fe | Ni | andere | A |
| 34 | Heddur | Al-Cu-Mg | 3,5-5 | — | 0,3-0,8 | 0,2-1,2 | 0,4-1 | — | — | — | Rest Reinaluminium nach DIN 1712 mit den Beimengungen in handelsüblichen Grenzen |
| 35 | Hydronalium | Al-Mg | < 0,05 | < 0,4 | < 0,3 | 0,1-0,2 | 3-12 | < 0,5 | — | — | |
| 36 | Igedur | Al-Cu-Mg | 3-5 | — | 0,2-1,2 | 0,2-1,2 | 0,3-1,4 | — | — | — | |
| 37 | KS-Seewasser | Al-Mg-Mn | — | — | 0,3-1 | 1-2 | 1-2 | — | — | Sb < 1 | |
| 38 | Lautal (Allautal s. Nr. 5) | Al-Cu | 4,4-5,5 | — | 0,2-0,5 | — | — | — | — | — | |
| 39 | Legal I | Al-Mg-Si | — | — | 0,4-0,6 | — | 0,4-0,5 | 0,2-0,4 | — | — | |
| 40 | Legal II | Al-Mg-Si | — | — | 0,9-1,2 | 0,6-1 | 0,8-1,2 | 0,2-0,4 | — | — | |

Leichtmetall-Legierungen (Fortsetzung).

| Zustand | Kurzzeichen | Spez. Gewicht | Elastizitäts-Modul | Elastizitäts-Grenze (0,02 %) | Streckgrenze (0,2 %) | Zugfestigkeit | Bruchdehnung | Kugeldruckhärte | Dauerfestigkeit (Umlaufbiegung) | Wärmeausdehnungskoeffizient | Elektr. Leitfähigkeit | Schmelzp. (Erstarrungsber.) | Lieferfirmen (s. S. 62.) | Text |
|---|---|---|---|---|---|---|---|---|---|---|---|---|---|---|
| | | $\gamma$ | $E$ | $\sigma_E$ | $\sigma_S$ | $\sigma_B$ | $\delta_{10}$ | $H$ | $\sigma_W$ | $\alpha$ | $L$ | | Nr. | Seite |
| | | g/cm³ | kg/mm² | kg/mm² | kg/mm² | kg/mm² | % | kg/mm² | kg/mm² | $\times 10^{-6}$ | $\frac{m}{\Omega\,mm^2}$ | °C | | |
| ehärtet | H 1 V | | | | | | | | | | | | | |
| he und Bänder | | 2,8 | | | 32-36 | 46-52 | 16-12 | | 12-14 | 23 | 20-21 | 650 | | |
| re | | | | | 35-40 | 48-55 | 16-12 | 115-130 | 1 Mill. | | | | | |
| gen | | | | | 31-38 | 44-50 | 14-10 | | Lastw. | | | | | |
| ile | | | | | 34-42 | 46-55 | 15-10 | | | | | | | |
| iedestücke | | | | | 25-29 | 42-46 | 14-10 | 110-120 | | | | | | |
| ehärtet | H 2 V | | | | | | | | | | | | | |
| re | | | | | 32-36 | 44-50 | 20-14 | 110-130 | | | | | | |
| gen | | | | | 28-35 | 40-46 | 18-12 | 110-130 | | | | | | |
| ile | | | | | 28-34 | 42-48 | 18-12 | 110-130 | | | | | | |
| ehärtet und | | | | | | | | | | | | | | |
| chverformt | | | | | | | | | | | | | | |
| he und Bänder, gen | H 2 VH | | | | 37-42 | 48-54 | 15-10 | 130-150 | | | | | 25 | 12 |
| he und Bänder | H 3 V | | | | 26-32 | 38-44 | 20-15 | 105-120 | | | | | | |
| iedestücke | | | | | 22-26 | 34-38 | 12-8 | 105-120 | | | | | | |
| teile | | | | | 23-27 | 38-42 | 17-13 | 105-120 | | | | | | |
| gen | | | | | 25-30 | 40-44 | 20-15 | 105-115 | | | | | | |
| ehärtet und chverformt he und Bänder | H 3 VH | | | | 30-35 | 40-46 | 15-9 | 125-140 | | | | | | |
| ehärtet he und Bänder | H 4 V | | | | 28-34 | 42-46 | 20-15 | 105-120 | | | | | | |
| ehärtet he und Bänder | H 5 V | | | | 25-27 | 38-42 | 20-15 | 100-115 | | | | | | |
| ehärtet re | H 6 V | | | | 30-35 | 40-46 | 18-12 | 104-116 | | | | | | |
| - und | Hy 5 | 2,67 | 6500—7500 | 8-9 | 9-10 | 23-25 | 22-16 | 65-70 | 13-14 | = 20 bei | Hy 5 = 17 | 600-630 | | |
| hmiedematerial | Hy 7 | 2,59 | | 13-15 | 14-16 | 31-35 | 22-16 | 80-85 | 13-14 | 20-100°, | Hy 7 = 15 | je nach | | |
| | Hy 9 | je | | 15-16 | 16-19 | 36-42 | 22-16 | 85-90 | 13-14 | 24 bei | Hy 9 = 14 | Legie- | | |
| weich | Hy 25 | nach | | | 9-11 | 19-21 | 24-18 | 50-55 | 10 Mill. | 20-200°, | | rung | | |
| he halbhart | Hy 25 | Le- | | | 13-18 | 22-25 | 15-10 | 55-60 | Lastw. | 27 bei | | | | |
| n weich | Hy 5 | gie- | | | 12-15 | 25-28 | 22-16 | 60-65 | | 20-400° | | | 14 | 15 |
| m halbhart | Hy 5 | rung | | | 19-23 | 29-31 | 15-10 | 65-70 | | | | | | |
| ke weich | Hy 7 | | | | 16-19 | 31-36 | 22-16 | 85-90 | | | | | | |
| d halbhart | Hy 7 | | | | 23-26 | 35-38 | 15-10 | 90-95 | | | | | | |
| ber weich | Hy 9 | | | | 19-22 | 36-42 | 20-16 | 90-100 | | | | | | |
| halbhart | Hy 9 | | | | 26-30 | 39-45 | 15-10 | 95-105 | | | | | | |
| he u. vergütet | J 26 | 2,8 | | | > 25 | > 40 | > 15 | 105-125 | | | | | | |
| ler bis vergütet | J 32 | | | | > 28 | > 44 | > 12 | 115-135 | | | | | | |
| 3 mm nachver- | J 26 | | | | 28-34 | 42-46 | 20-15 | 105-125 | | | | | 14 | 12 |
| cke dichtet | J 32 | | | | 32-36 | 46-52 | 16-12 | 115-135 | | | | | | |
| hgeglüht | 61 W | 2,7 | | | 8-10 | 16-20 | 25-15 | 45-55 | | 23 | ca. 25 | 630 | | |
| hart | 61 $H^1/_2$ | | | | 12-18 | 20-24 | 8-4 | 55-65 | | | | | 26 | 16 |
| | 61 H | | | 11-12 | 20-25 | 24-32 | 5-2 | 65-75 | | | | | | |
| hart | 61 P | | | | 12-16 | 18-25 | 18-10 | 50-60 | | | | | | |
| ütet | 14 V | ca. | | 18-22 | 20-24 | 38-42 | 20-15 | 100-120 | | 22,9 | 22-23 | 630 | | |
| ütet | | 2,8 | | | | | | | | | | | | |
| chverdichtet | 14 VH | | | | 30-40 | 42-50 | 10-2 | 120-140 | | | 21,0-22,5 | | 26 | 14 |
| tempert | 14 U | | | | 16-20 | 30-36 | 25-15 | 70-90 | | | 22-23 | | | |
| hgeglüht | 14 W | | | | | 16-22 | 25-15 | 50-60 | | | 27-30 | | | |
| h | W | 2,7 | | | 8-9 | 10-15 | 35-25 | 28-35 | | 23 | 30-33 | 650 | | |
| schreckt und | | | | | | | | | | | | | | |
| gebenenfalls | | | | | | | | | | | | | | |
| chgerichtet | TQ | | | | 10-15 | 12-18 | 30-20 | 40-50 | | | | | | |
| ehärtet und | | | | | | | | | | | | | 23 | 15 |
| gebenenfalls | | | | | | | | | | | | | | |
| chgerichtet | A | | | | 15-20 | 20-25 | 15-4 | 65-75 | | | | | | |
| ehärtet und | | | | | | | | | | | | | | |
| t verfestigt | AK | | | | 22-30 | 25-33 | 10-2 | 70-90 | | | | | | |
| h | W | 2,7 | | | 10-15 | 12-20 | 28-22 | 35-45 | | 23 | 25-27 | 640 | | |
| schreckt und | | | | | | | | | | | | | | |
| gebenenfalls | | | | | | | | | | | | | | |
| chgerichtet | TQ | | | | 12-20 | 18-26 | 25-18 | 65-75 | | | | | | |
| ehärtet und | | | | | | | | | | | | | 28 | |
| gebenenfalls | | | | | | | | | | | | | | 15 |
| chgerichtet | A | | | | 24-28 | 28-33 | 15-5 | 90-110 | | | | | | |
| ehärtet und | | | | | | | | | | | | | | |
| t verfestigt | AK | | | | 28-35 | 32-38 | 10-2 | 100-120 | | | | | | |

Tabelle 13. Zusammensetzung und Gütew

| Nr. | Bezeichnung | Gattung nach DIN 1713 | Chemische Zusammensetzung in % | | | | | | | |
|---|---|---|---|---|---|---|---|---|---|---|
| | | | Cu | Zn | Si | Mn | Mg | Fe | Ni | andere |
| 41 | Mangal | Al-Mn | — | — | — | 1,5 | — | — | — | — |
| 42 | M 115 | Al-Mn | — | — | — | 1,5 | — | — | — | — |
| 43 | Osmagal | Al-Mn | — | — | — | 1,8 | — | — | — | — |
| 44 | Pantal | Al-Mg-Si | — | — | 0,5-1 | 0,4-1,4 | 0,8-2 | — | — | — |
| 45 | Pantal | Al-Mg-Si | | | | | | | | |
| 46 | Peraluman 2 | Al-Mg-Mn | — | — | — | 1,3-1,5 | 2-2,3 | — | — | — |
| 47 | Peraluman 7 | Al-Mg | — | — | — | 0,3-0,5 | 7 | — | — | — |
| 48 | Polital | Al-Mg-Si | — | — | 0,5-1,5 | 0,4-1 | 0,4-1 | — | — | — |
| 49 | Qualität M | Al-Mg-Si | — | — | 0,85 | 0,6-0,9 | 0,5-1 | — | — | — |
| 50 | Qualität 55 | Al-Cu | 3-5 | — | 0,3-0,7 | 0,3-0,8 | — | — | — | — |
| 51 | RS-Legierung | Al-Mg-Si | — | — | 0,7-1,2 | 0,7-1,2 | 0,8-1,2 | — | — | — |
| 52 | Silal | Al-Cu-Mg | 1,5-4,4 | — | 0,3-0,6 | 0,6-1 | 0,6-1,2 | — | — | Ti<0,1 |
| 53 | Silal V | Al-Mg-Si | — | — | 0,3-0,7 | 0,5-1 | 0,8-1,5 | — | — | Ti=0,3 |

Leichtmetall-Legierungen (Fortsetzung).

| Zustand | Kurzzeichen | Spez. Gewicht $\gamma$ g/cm³ | Elastizitäts-Modul $E$ kg/mm² | Elastizitäts-Grenze (0,02 %) $\sigma_E$ kg/mm² | Streckgrenze (0,2 %) $\sigma_S$ kg/mm² | Zugfestigkeit $\sigma_B$ kg/mm² | Bruchdehnung $\delta_{10}$ % | Kugeldruckhärte $H$ kg/mm² | Dauerfestigkeit (Schenk-sche Masch.) $\sigma_W$ kg/mm² | Wärmeausdehnungskoeffizient $\alpha$ $\times 10^{-6}$ | Elektr. Leitfähigkeit $L$ $\frac{m}{\Omega\ mm^2}$ | Schmelzp. (Erstarrungsber.) °C | Lieferfirmen (s. S. 62.) Nr. | Text Seite |
|---|---|---|---|---|---|---|---|---|---|---|---|---|---|---|
| chgeglüht | 41 W | 2,7 | 6500—7500 | | | 9-12 | 30-20 | 20-25 | | | | | 26 | 17 |
| bhart | 41 H½ | | | | 10-15 | 12-18 | 15-5 | 35-45 | | | | | | |
| t | 41 H | | | | 15-20 | 18-25 | 5-2 | 45-60 | | | | | | |
| ßhart | 41 P | | | | 4-7 | 10-15 | 25-15 | 25-35 | | | | | | |
| ch | M115W | 2,70 | | | 4,5-6 | 10-13 | 35-20 | 28-33 | 10 | 23 | 23-25 | 640-650 | 4 | 17 |
| bhart | M115H½ | | | | 10-12 | 13-18 | 14-7 | 40-45 | | | | | | |
| t | M115H | | | 9-12 | 18-22 | 20-25 | 6-3 | 50-60 | 2 Mill. | | | | | |
| ßhart | M115P | | | | 5-9 | 10-15 | 20-15 | 35-40 | Lastw. | | | | | |
| ch | | 2,75 | | 2-4 | 4,5-6 | 10-12 | 30-20 | 25-30 | | ca. 24 | 24 | 650 | 19 | |
| bhart | | | | | 10-15 | 14-18 | 15-7 | 35-45 | | | | | | |
| t | | | | 10-15 | 18-20 | 20-25 | 5-2 | 50-60 | | | | | | |
| ßhart | | | | | 5-8 | 10-15 | 22-16 | 35-45 | | | | | | |
| chgeglüht | 19 W | | | | | 11-15 | 25-15 | 30-40 | | | | | | |
| vergütet halbhart | 19 H½ | | | | 10-14 | 13-18 | 10-5 | 40-50 | | | | | | |
| vergütet hart | 19 H | | | | 15-20 | 18-25 | 6-4 | 50-60 | | | | | | |
| getempert | 19 U | | | | 10-15 | 20-26 | 20-12 | 55-65 | | | | | | |
| gütet | 19 V | 2,7 | | | 18-25 | 28-35 | 20-12 | 70-95 | | 22 | 28-32 | 640 | 26 | 15 |
| gütet nachverdichtet | 19 VN | | | | 32-36 | 35-42 | 10-2 | 100-120 | | | | | | |
| vergütet preßhart | 13 P | | | | 9-12 | 13-18 | 18-10 | 40-55 | | | | | | |
| ch | PW | 2,7 | | | 5-8 | 11-13 | 25-20 | 33-38 | | 23 | | 640 | | |
| bhart | P½H | | | | 10-16 | 16-20 | 10-6 | 40-50 | | | | | | |
| t | PH | | | | 15-23 | 18-26 | 8-4 | 55-70 | | | | | | |
| eschreckt | PA | | | | 12-15 | 20-25 | 23-18 | 50-65 | | | | | 25 | 15 |
| gütet | PV | | | | 22-28 | 28-35 | 12-10 | 80-100 | | | 26-28 | | | |
| bvergütet | P½V | | | | 16-20 | 25-30 | 18-15 | 65-75 | | | | | | |
| gütet und nachverdichtet | PVH | | | | 31-36 | 35-42 | 10-3 | 100-120 | | | | | | |
| ch | W | 2,7 | | 7-11 | 10-15 | 22-25 | 20-16 | 50-65 | 13,5 | 24 | 20-22 | ca. 620 | 3 | 16 |
| bhart | ½H | | | 20-25 | 27-30 | 30-33 | 7-4 | 70-90 | 10 Mill. | | | | | |
| t | H | | | 28-32 | 33-40 | 36-42 | 5-2 | 85-105 | Lastw. | | | | | |
| ßqualität | Pr | | | | ca. 11-16 | 22-27 | 16-11 | 50-65 | | | | | | |
| ch | W | 2,6 | | | 15-20 | 30-36 | 24-18 | 75-90 | 15 | | 13-16 | ca. 580 | 3 | 15 |
| bhart | ½H | | | | 25-30 | 35-40 | 18-10 | 90-110 | 10 Mill. | | | | | |
| t | H | | | | 32-36 | 40-45 | 10-4 | 110-130 | Lastw. | | | | | |
| ßqualität | Pr | | | | 16-20 | 30-36 | 20-12 | 80-90 | | | | | | |
| ch | | ca. 2,7 | | | 6-10 | 12-18 | 27-17 | 30-50 | | | | | 7 | 15 |
| t veredelt | | | | | 13-20 | 20-28 | 25-15 | 50-75 | | | | | | |
| m veredelt | | | | | 18-25 | 28-35 | 20-10 | 70-100 | | | | | | |
| vergütet halbhart | M. | | | | | 15-20 | 8-5 | 40-50 | | | | | | |
| vergütet hart | | | | | | 25-35 | 5-3 | 85-95 | | | | | | |
| gütet | | 2,75 | | | 25-30 | 30-35 | 15-10 | 70-95 | | | | | 8 | 15 |
| gütet und kalt verfestigt | | | | | | 35-40 | 8-3 | 95-110 | | | | | | |
| vergütet halbhart | 55 | 2,8 | | | | 23-28 | 12-8 | 60-70 | | | | | | |
| gütet | | | | | 28-32 | 35-40 | 23-18 | 100-110 | | | | | 8 | 14 |
| gütet und kalt verfestigt | | | | | | 40-48 | 8-3 | 110-130 | | | | | | |
| vergütet | 17a | 2,7 | | | 8-12 | 15-20 | 18-10 | 40-50 | | | | 640 | 20 | 15 |
| gütet | | | | | 20-30 | 28-36 | 10-5 | 75-95 | | | | | | |
| f. u. vergütet | HL 35 | 2,80 | | 30-35 | 35-40 | 48-52 | 15-10 | 120-150 | | | | 650 | | |
| ngen vergütet | HL 32 | | | 22-26 | 26-30 | 40-42 | 18-15 | 110-120 | | | | | 12 | 12 |
| che weich | HL 32 | | | | | 16-22 | 20-15 | 45-55 | | | | | | |
| nd vergütet | | 2,80 | | 22-26 | 25-27 | 38-42 | 18-15 | 105-120 | | | ~ 20,5 | 650 | | |
| nder nachverd. | | | | | 30-34 | 42-48 | 12-10 | 120-140 | | | | | | |
| file preßhart | V | | | | | 20-22 | 20-16 | 50-55 | | | ~ 33 | 640 | | |
| nd vergütet | | 2,70 | | | | 28-35 | 20-12 | 70-80 | | | | | | |
| ngen preßhart | V 2 | 2,75 | | | | 24-28 | 22-17 | 60-65 | | | ~ 28 | 645 | | |
| weich | V | | | | | 13-15 | 25-15 | 30-40 | | | | | | |
| nder halbhart | | 2,70 | | | | 15-18 | 12-8 | 40-50 | | | | 640 | | |
| nd hart | | | | | | 20-30 | 10-3 | 60-70 | | | | | | |
| che weich | V 2 | | | | | 15-20 | 23-20 | 40-45 | | | | | 12 | 15 |
| halbhart | | 2,75 | | | | 26-28 | 10-8 | 60-65 | | | | 645 | | |
| hart | | | | | | 30-35 | 5-3 | 75-85 | | | | | | |

Tabelle 13. Zusammensetzung und Gütewe

| Nr. | Bezeichnung | Gattung nach DIN 1713 | Chemische Zusammensetzung in % | | | | | | | | |
|---|---|---|---|---|---|---|---|---|---|---|---|
| | | | Cu | Zn | Si | Mn | Mg | Fe | Ni | andere | A |
| 54 | Silal K | Al-Mn | — | — | — | 1,5 | bis 0,5 | — | — | — | Rest Reinaluminium nach DIN 1712 mit den Beimengungen in handelsüblichen Grenzen |
| 55 | Silumin | Al-Si | — | — | 12-13,5 | — | — | — | — | — | |
| 56 | Ulmal | Al-Mg-Si | — | — | 0,3-1,5 | 0,2-1,5 | 0,5-2 | — | — | — | |
| 57 | Ulminium N | Al-Cu-Mg | 3,5-5,5 | — | 0,2-1,5 | 0,1-1,5 | 0,2-2 | — | — | — | |
| 58 | Ulminium P | Al-Cu-Mg | | | | | | | | | |
| 59 | Ulminium Q | Al-Cu-Mg | | | | | | | | | |
| 60 | Ulminium R | Al-Cu-Mg | | | | | | | | | |
| 61 | Ulminium S | Al-Cu-Mg | | | | | | | | | |
| 62 | Wicromal | Al-Mn | — | — | — | 0,8-2 | — | — | — | Th = 0,2-0,7 | |
| 63 | Y-Legierung | Al-Cu-Ni | 3,8-4,2 | — | — | — | 1,3-1,6 | 0,3 | 1,8-2,2 | — | |

2. Gußlegierungen.

| Nr. | Bezeichnung | Gattung nach DIN 1713 | Cu | Zn | Si | Mn | Mg | Fe | Ni | andere | A |
|---|---|---|---|---|---|---|---|---|---|---|---|
| 64 | Alufont II | | 3,7-4,3 | — | 2 | 0,5-0,7 | ~ 0,2 | — | — | Ti = 0,1-0,2 | Rest Reinaluminium nach DIN 1712 mit den ... |
| 65 | Amerikanische Legierung | GAl-Cu | 8 | — | — | — | — | — | — | — | |
| 66 | Anticorodal | GAl-Mg-Si | — | — | 2 | 0,6-0,8 | ~ 0,7 | — | — | Ti = 0,1-0,2 | |
| 67 | BS-Seewasser | GAl-Mg | — | — | < 0,2 | 0,2-0,3 | 8 | — | — | — | |
| 68 | Deutsche Legierung | CAl-Zn-Cu | 2-4 | 10-12 | — | — | — | — | — | — | |

ı Leichtmetall-Legierungen (Fortsetzung).

| ´ Zustand | Kurzzeichen | Spez. Gewicht | Elastizitäts-Modul | Elastizitäts-Grenze (0,02 %) | Streckgrenze (0,2 %) | Zugfestigkeit | Bruchdehnung | Kugeldruckhärte | Dauerfestigkeit (Schenksche Masch.) | Wärmeausdehnungskoeffizient | Elektr. Leitfähigkeit | Schmelzp. (Erstarrungsber.) | Lieferfirmen (s. S. 62.) | Text |
|---|---|---|---|---|---|---|---|---|---|---|---|---|---|---|
| | | $\gamma$ | $E$ | $\sigma_E$ | $\sigma_S$ | $\sigma_B$ | $\delta_{10}$ | $H$ | $\sigma_W$ | $\alpha$ | $L$ | | Nr. | Seite |
| | | g/cm³ | kg/mm² | kg/mm² | kg/mm² | kg/mm² | % | kg/mm² | kg/mm² | $\times 10^{-6}$ | $\frac{m}{\Omega\, mm^2}$ | °C | | |
| file preßhart | K | 2,70 | 6500—7500 | | | 14-18 | 22-16 | 35-45 | | | ~ 28 | 640 | 12 | 17 |
| che { weich | | | | | | 10-15 | 35-20 | 20-40 | | | | | | |
| ıd { halbhart | | 2,75 | | | | 12-18 | 15-5 | 40-50 | | | | | | |
| ıder { hart | | | | | | 18-25 | 5-2 | 10-60 | | | | | | |
| chgeglüht | 31 W | 2,7 | | ca. 4 | 6-8 | 12-15 | 25-15 | 40-50 | ca. 5 | 22,2 | 26 | 570 | 26 | 16 |
| bhart | 31 H ½ | | | ca. 6 | 12-15 | 15-20 | 10-3 | 50-60 | 2 Mill. | | | | | |
| t | 31 H | | | | 15-20 | 18-25 | 5-2 | 60-80 | Lastw. | | | | | |
| ßhart | 31 P | | | | 8-10 | 13-18 | 18-10 | 40-55 | | | | | | |
| ch | H 1 | ca. | | | | 13-15 | 25-18 | 40-50 | | 22-23 | 26-28 | 650 | | |
| t | H 8 | 2,7 | | | 16-24 | 20-30 | 10-4 | 65-80 | | | | | | |
| eschreckt | H 12 | | | | 13-16 | 23-28 | 24-18 | 70-80 | | | | | | |
| gehärtet | H 4 | | | | 26-30 | 30-35 | 15-10 | 95-110 | | | | | 27 | 15 |
| gehärtet und | | | | | | | | | | | | | | |
| alt verfestigt | H 6 | | | | 32-36 | 36-42 | 10-2 | 100-120 | | | | | | |
| ßhart | H 0 | | | | 10-12 | 15-18 | 18-10 | 45-60 | | | | | | |
| ch | NH 1 | ca. | | | | 18-22 | 24-18 | 45-60 | | | | ca. | | |
| gehärtet | NH 4 | 2,8 | | 20-24 | 24-27 | 38-42 | 24-17 | 100-115 | | | | 640 | 27 | 12 |
| gehärtet und | | | | | | | | | | | | | | |
| alt verfestigt | NH 6 | | | | 30-34 | 43-46 | 14-10 | 110-125 | | | | | | |
| ch | PH 1 | ca. | | | | 18-24 | 20-15 | 45-60 | | | | ca. | | |
| gehärtet | PH 4 | 2,8 | | 22-24 | 25-28 | 38-44 | 20-15 | 105-120 | 14-16 | | | 640 | | |
| gehärtet und | | | | | | | | | | | | | 27 | 12 |
| alt verfestigt | PH 6 | | | 28-32 | 32-36 | 44-48 | 14-8 | 120-135 | | | | | | |
| ßhart | PH 0 | | | | | 28-32 | 15-10 | 70-85 | | | | | | |
| ch | QH 1 | ca. | | | | 18-24 | 20-15 | 45-60 | | | | ca. | | |
| gehärtet | QH 4 | 2,8 | | 25-29 | 29-32 | 42-46 | 20-15 | 110-125 | | | | 640 | 27 | 12 |
| gehärtet und | | | | | | | | | | | | | | |
| alt verfestigt | QH 6 | | | 32-36 | 36-40 | 47-52 | 14-8 | 130-150 | | | | | | |
| ch | RH 1 | ca. | | | | 18-24 | 20-15 | 45-60 | | | | ca. | | |
| gehärtet | RH 4 | 2,8 | | | 27-31 | 40-45 | 20-15 | 105-120 | | | | 640 | 27 | 12 |
| gehärtet und | | | | | | | | | | | | | | |
| alt verfestigt | RH 6 | | | | 34-38 | 45-50 | 14-8 | 125-145 | | | | | | |
| gehärtet | SH 2 | ca. | | 28-34 | 32-36 | 44-48 | 17-12 | 110-130 | | | | | | |
| gehärtet und | | 2,8 | | | | | | | | | | | 27 | 12 |
| alt verfestigt | SH 3 | | | | 38-42 | 48-52 | 13-9 | 130-150 | | | | | | |
| ch | | 2,75 | | | | 10-15 | 35-20 | 20-40 | | | | | | |
| bhart | | | | | 10-15 | 12-18 | 15-5 | 40-50 | | | | | 8 | 17 |
| t | | | | | 17-20 | 18-25 | 5-2 | 50-60 | | | | | | |
| chmiedet und | | | | | | | | | | | | | 7 | 13 |
| ergütet | | 2,8 | | | 22-25 | 38-42 | 20-16 | 100-120 | | | | | | |

| | | | | | | | | | | | | | | |
|---|---|---|---|---|---|---|---|---|---|---|---|---|---|---|
| ıdguß *SU | | 2,8 | 6800—7200 | 8-11 | 10-13 | 15-18 | 2,5-1,0 | 55-65 | 7,5-8,5 | 22 | | 640-525 | | |
| ,, SA | | | | 13-16 | 18-22 | 24-28 | 3,0-1,5 | 85-95 | 8-9 | | | | | |
| ,, SB | | | | 23-26 | 26-30 | 30-34 | 1,5-0,8 | 95-105 | 8-9 | | | | 2 | |
| killenguß KU | | | | 10-13 | 12-15 | 18-22 | 2-1 | 65-75 | 10 Mill. | | | | | |
| ,, KA | | | | 17-20 | 22-26 | 25-30 | 2-1 | 90-100 | Lastw. | | | | | |
| ,, KB | | | | 26-29 | 28-32 | 31-36 | 1,5-0,8 | 100-110 | | | | | | |
| ıdguß | | 2,9 | | 3-4 | 6-10 | 12-16 | 3-5 | 50-70 | 6-6,5 | 24,6 | | 640-544 | | |
| killenguß | | | | | 8-12 | 12-18 | 2-3 | 60-75 | 10 Mill. | | | | 13 | 17 |
| ritzguß | | | | | | 20-22 | 1,5-2 | 60-75 | Lastw. | | | | | |
| ıdguß *SU | | 2,7 | | 7-10 | 10-13 | 14-18 | 3-1 | 60-70 | 6,5-7 | 23 | | 640-560 | | |
| ,, SA | | | | 10-13 | 15-18 | 17-25 | 4-2 | 70-80 | 7-7,5 | | | | | |
| ,, SB | | | | 15-18 | 22-29 | 23-30 | 1,5-1,0 | 85-100 | 7-7,5 | | | | 3 | 19 |
| killenguß KU | | | | 8-11 | 12-16 | 15-20 | 5-1,5 | 60-80 | 10 Mill. | | | | | |
| ,, KA | | | | 12-15 | 16-19 | 20-27 | 5-2 | 70-90 | Lastw. | | | | | |
| ,, KB | | | | 22-25 | 24-29 | 25-30 | 2-1 | 90-105 | | | | | | |
| ıdguß, homogen | | 2,6 | | | 10-12 | 22-24 | 5-4 | 80 | . | | | 620-540 | 26 | 19 |
| killenguß, ,, | | | | | | 24-30 | 14-10 | 90 | | | | 620-540 | | |
| ıdguß | | 3,0 | | | 6,5-7,5 | 12-18 | 2-5 | ~ 60 | 4,5-5,5 | 24 | | 630-530 | | |
| killenguß | | | | | 8-10 | 12-20 | 1-2 | ~ 65 | 10 Mill. Lastw. | | | | | 17 |

S = Sandguß, K = Kokillenguß, U = unvergütet, A = halbhart vergutet, B = maximal hart vergütet.

Tabelle 13. Zusammensetzung und Gütew

| Nr. | Bezeichnung | Gattung nach DIN 1713 | Chemische Zusammensetzung in % | | | | | | | | |
|---|---|---|---|---|---|---|---|---|---|---|---|
| | | | Cu | Zn | Si | Mn | Mg | Fe | Ni | andere | A |
| 69 | Hydronalium | GAl-Mg | < 0,1 | < 0,1 | < 1 | 0,2-0,5 | 2,5-9 | < 0,5 | — | — | |
| 70 | KS-Seewasser-Guß | GAl-Mg-Mn | — | — | 0,3-0,8 | 1-2 | 2,3 | — | — | Sb = 0,2 | Rest Reinaluminium nach DIN 1712 mit den Beimengungen in handelsüblichen Grenzen |
| 71 | Kupfer-Silumin | GAl-Si-Cu | 0,7-0,9 | — | 12-12,5 | 0,2-0,3 | — | — | — | — | |
| 72 | L 15 III (Gußpantal) | GAl-Mg | — | — | 0,5-1 | 1,4-1,5 | 2 | 0,25 | — | Ti = 0,1 | |
| 73 | Neonalium | GAl-Cu | 6-14 | — | — | — | — | — | — | — | |
| 74 | Nüral | GAl-Mg | — | — | 0,2-1 | 0,2-0,5 | 3-12 | — | — | — | |
| 75 | Nüral 43 | GAl-Mg-Si | — | — | 4,5-6,0 | Spuren | Spuren | 1,2 | — | — | |
| 76 | Pantal 5 | GAl-Mg-Si | — | — | 5 | 0,7 | 0,6-0,7 | — | — | — | |
| 77 | Peraluman 2 | GAl-Mg-Mn | | | | | | | | | |
| 78 | Peraluman 7 | GAl-Mg | | | | | | | | | |
| 79 | Silumin | GAl-Si | — | — | 13 | — | — | — | — | — | |
| 80 | Silumin-Beta | GAl-Si-Mg | — | — | 12,25 bis 12,75 | 0,35-0,65 | 0,25-0,35 | — | — | — | |
| 81 | Silumin-Gamma (s. a. Kupfer-Silumin) | | | | | | | | | | |
| 82 | Stalanium | GAl-Mg | < 0,2 | — | < 0,5 | < 0,5 | 6-9 | — | — | Sb < 1 | |
| 83 | Titan-Sonder-Seewasser TSS 3 | GAl-Mg | — | — | 0,8 | — | 3 | > 0,3 | — | Ti = 0,3 | |
| | TSS 5 | GAl-Mg | — | — | 0,1-0,7 | — | 5 | > 0,3 | — | Ti = 0,3 | |
| | TSS 8 | GAl-Mg | — | — | 0,1-0,7 | — | 8 | > 0,3 | — | Ti = 0,3 | |
| 84 | Y-Legierung | GAl-Cu Ni | 4,5 | — | — | — | 1,5 | — | 2 | — | |

Leichtmetall-Legierungen (Fortsetzung).

| Zustand | Kurzzeichen | Spez. Gewicht | Elastizitäts-Modul | Elastizitäts-Grenze (0,02 %) | Streckgrenze (0,2 %) | Zugfestigkeit | Bruchdehnung | Kugeldruckhärte | Dauerfestigkeit (Schenk-sche Masch.) | Wärmeausdehnungskoeffizient | Elektr. Leitfähigkeit | Schmelzp. (Erstarrungsber.) | Lieferfirmen (s. S. 62.) Nr. | Text Seite |
|---|---|---|---|---|---|---|---|---|---|---|---|---|---|---|
| | | $\gamma$ | $E$ | $\sigma_E$ | $\sigma_S$ | $\sigma_B$ | $\delta_{10}$ | $H$ | $\sigma_W$ | $\alpha$ | $L$ | | | |
| | | g/cm³ | kg/mm² | kg/mm² | kg/mm² | kg/mm² | % | kg/mm² | kg/mm² | $\times 10^{-6}$ | $\frac{m}{\Omega\,mm^2}$ | °C | | |
| guß Hy 5<br>,, Hy 51<br>,, Hy 71<br>illenguß Hy 71<br>,, Hy 9<br>tzguß Hy 9 | | 2,63<br><br><br><br>2,6<br>2,6 | 6800—7200 | 7-7,5<br>6-6,5<br>8-9 | 9,5-10,5<br>9-10<br>11,5-12,5<br>12-14<br>12-15 | 17-19<br>17-19<br>16,5-18,5<br>22-26<br>22-26<br>20-24 | 4-8<br>2,5-5<br>2-3<br>5-8<br>5-10<br>1,5-3,5 | ~ 58<br>~ 65<br>~ 75<br>~ 80<br>~ 80<br>~ 90 | 6<br>6<br>6<br>~ 6<br>~ 7<br>10 Mill. Lastw. | | | 620-560<br><br><br><br>600-530<br>600-530 | 14 | 19 |
| guß<br>illenguß<br>tzguß | | 2,7 | | 6-7 | 9-10 | 16-20<br>14-19<br>~ 23 | 3-5<br>3-7<br>~ 1,6 | 55-65 | 7<br>10 Mill. Lastw. | 23 | | 640-590 | 26 | |
| guß<br>illenguß | | 2,65 | 7800 | | 9-10<br>13-14 | 17-20<br>23-25 | 4-2<br>3-2 | 60-65<br>75-85 | 5,6<br>9,5<br>20 Mill. Lastw. | 22 | | | 26 | 18 |
| guß, unvergütet<br>vergütet<br>g. unvergütet<br>vergütet | | 2,7 | 6800—7200 | <br><br><br>~ 7 | 10-15<br><br><br>15-20 | 12-17<br>16-23<br>13-18<br>18-25 | 3-8<br>0,5-5<br>3-8<br>0,5-5 | 40-60<br>70-100<br>40-60<br>70-120 | | 23 | | 650-600 | 26 | |
| guß<br>illenguß | | ~ 2,9 | | | 11-15<br>15-22 | 17-20<br>18-24 | 1,2-0,3<br>0,5-0,2 | 80-100<br>90-120 | | | | | 25 | 17 |
| illenguß<br>tzguß | | 2,6 | | | | 23-26<br>20-22 | 5-10<br>~ 1,5 | 70-80<br>70-95 | | 20 | | | 18 | |
| guß<br>illenguß<br>tzguß | | 2,7 | | | | 12-17<br>13-18<br>14-20 | 2-5<br>3-6<br>3,5-5,5 | 42-50<br>45-55<br>50-60 | | 22,5 | | | 18 | 19 |
| g., Gußzustand<br>warm vergütet<br>g., Gußzustand<br>warm vergütet | | 2,7 | | | 10-13<br>15-25<br>12-16<br>16-23 | 13-17<br>17-25<br>15-20<br>20-28 | 1-3<br>4-1<br>1,5-4<br>5-1 | 60-70<br>90-100<br>60-70<br>90-100 | | | | | 26 | 19 |
| guß<br>illenguß | | 2,7 | | 4-7<br>5-8 | 6-8<br>8-10 | 13-16<br>16-19 | 6-3<br>6-4 | 40-50<br>50-60 | 6,0-6,5<br>10 Mill. Lastw. | | | 640-525 | 3 | |
| guß<br>illenguß | | 2,6 | | | 10-13<br>11-14 | 17-19<br>22-26 | 4-2<br>8-4 | 60-70<br>65-75 | ~ 6,5<br>10 Mill. Lastw. | | | 620-560 | 3 | 19 |
| guß<br>illenguß<br>zguß | | 2,65 | 7600 | | 8,5-9<br>12-13 | 17-20<br>23-25<br>25-30 | 4-8<br>3-5<br>2-5 | 55-60<br>70-75<br>80-90 | 5,5-6<br>7-7,5<br>50 Mill. Lastw. | 22 | | 570 | 26 | 18 |
| guß<br>llenguß<br>zguß | | 2,65 | 7800 | | 9-10,5<br>13-15 | 17-20<br>23-25<br>25-30 | 2-5<br>2-3<br>1-2,5 | 55-65<br>75-85<br>75-95 | 6,5<br>50 Mill. Lastw. | 22 | | 570 | 16 | 18 |
| guß, angelassen<br>g. ,,<br>zguß ,,<br>guß, vergütet<br>g. ,, | | 2,65 | 8000 | | 11-15<br>15-22<br><br>18-25<br>20-28 | 19-22<br>25-28<br>30-37<br>25-29<br>26-32 | 4-1<br>3-1<br>1-1,5<br>4-0,5<br>1,5-0,5 | 65-75<br>80-95<br>110-130<br>80-100<br>85-110 | 9,5<br>11,1<br>50 Mill. Lastw. | 22 | | 570 | 16 | 19 |
| guß, SK 9<br>lenguß, SK 9<br>zguß, Sp. 6-9 | | ~ 2,6 | | | 11-12<br>12-15 | 16-18<br>22-25<br>23-27 | 4-3<br>12-6<br>2-1 | 60-65<br>70-80<br>75-85 | | ~ 24 | | 625-540<br>600-530<br>610-530 | 24 | 19 |
| g., ausgehärtet<br>g. ,,<br>guß<br>lenguß<br>zguß<br>guß, homogen<br>lenguß ,,<br>zguß ,, | | 2,67 | 6800—7200 | 11,3<br><br>6,5<br>7,2<br><br>11<br>11,5 | 14,5<br><br>9<br>9,8<br><br>14<br>14 | 20-25<br>24-32<br>16-22<br>21-25<br>23-27<br>18-24<br>28<br>23-27 | 2-8<br>6-15<br>3-8<br>5-17<br>1,5-2<br>7<br>6-11<br>5-11 | 75-90<br>90<br>60<br>60<br>80<br>80<br>80<br>80 | 9<br>10 Mill. Lastw. | | | 640-600<br><br>630-580<br><br><br>625-540 | 21 | |
| guß, unvergütet<br>vergütet<br>., unvergütet<br>vergütet | | 2,8 | | | <br>18-22<br><br>20-23 | 16-19<br>23-27<br>21-25<br>24-30 | 0,6-0,3<br>0,8-0,3<br>1,0-0,3<br>1,0-0,5 | 85-95<br>90-100<br>95-105<br>95-105 | ~ 8,5<br>50 Mill. Lastw. | | | 640-550 | 7 | 18 |

Tabelle 13. Zusammensetzung und Gütew

| Nr. | Bezeichnung | Gattung nach DIN 1713 | Chemische Zusammensetzung in % | | | | | | | |
|---|---|---|---|---|---|---|---|---|---|---|
| | | | Cu | Zn | Si | Mn | Mg | Fe | Ni | andere |
| **3. Kolbenlegierungen.** | | | | | | | | | | |
| 85 | Alusil | | 1-2 | — | 20-21 | — | — | < 0,7 | < 0,7 | — |
| 86 | EC 124 | | 1 | — | 13 | — | 1 | — | 1 | — |
| 87 | G 97 | | 12 | — | — | 1,4 | 0,25 | 0,8 | — | — |
| 88 | KS Kolbenleg. „245“ | | 4,5 | — | 14 | 0,8 | 0,7 | — | 1,5 | — |
| 89 | KS-Kolbenleg. „280“ | | 1,5 | — | 21-22 | 0,7 | 0,5 | — | 1,5 | Co = 1,2 |
| 90 | KS-Kolbenleg. „1275“ | | 1,5 | — | 13 | — | 1 | — | 1 | — |
| 91 | Nelson-Bohnalite | | 9-11 | — | 0,2 | — | 0,3 | — | — | — |
| 92 | Nüral 122 | | 9,5-10,2 | — | — | — | 0,15-0,35 | 0,8-1,5 | — | — |
| 93 | Nüral 132 (A. B) | | 0,8-2 | — | 12,5-14,2 | — | 0,8-1 | 0,5 | 0,8-2,4 | — |
| 94 | Nüral 142 | | 4-4,5 | — | — | — | 1,3-1,8 | — | 1,8-2,2 | — |
| 95 | R. R. 53 (Hiduminium) | | ~ 2,2 | — | 1,2 | — | ~ 1,5 | 1,4 | 1,3 | Ti = 0,1 |
| 96 | Y-Legierung | | 4,5 | — | — | — | 1,5 | — | 2 | — |
| **4. Automatenlegierungen.** | | | | | | | | | | |
| 97 | AM/24 | Al-Cu-Mg | | | | | | | | |
| 98 | Automal | Al-Cu-Mg | | | | | | | | |
| 99 | Automatenleg. | Al-Cu-Mg | | | | | | | | |
| 100 | Automatenleg. | Al-Cu-Mg | | | | | | | | |
| 101 | Bergal BD | Al-Cu-Mg | | | | | | | | |
| 102 | DBA | Al-Mg | | | | | | | | |
| 103 | Durmes | Al-Cu-Mg | | | | | | | | |
| 104 | F & G Bohr- und Drehqualität | Al-Cu-Mg | | | | | | | | |
| 105 | Hartal | Al-Cu-Mg | | | | | | | | |
| 106 | Legal BD | Al-Mg-Si | | | | | | | | |
| 107 | MZB | Al-Cu-Mg | | | | | | | | |
| 108 | Okadur | Al-Cu-Mg | | | | | | | | |
| 109 | Optimal | Al-Cu-Mg | | | | | | | | |
| 110 | Protal BD | Al-Cu-Mg | | | | | | | | |
| 111 | Silal BD | Al-Cu-Mg | | | | | | | | |
| 112 | Spanal 320 | Al-Cu-Mg | | | | | | | | |
| 113 | Tordal | Al-Cu-Mg | | | | | | | | |
| 114 | WA 301/H 12 Normalausf.<br>WA 301/H 5<br>WA 301/H 6 | Al-Mg-Si | | | | | | | | |
| 115 | WI 301/H 5 Normalausf.<br>WI 301/H 6 | Al-Cu-Mg | | | | | | | | |

Rest Reinaluminium nach DIN 1712 mit den

Leichtmetall-Legierungen (Fortsetzung).

| Zustand | Kurzzeichen | Spez. Gewicht | Elastizitäts-Modul | Elastizitäts-Grenze (0,02 %) | Streckgrenze (0,2 %) | Zugfestigkeit | Bruchdehnung | Kugeldruckhärte | Dauerfestigkeit (Schenck-sche Masch.) | Wärmeausdehnungskoeffizient | Elektr. Leitfähigkeit | Schmelzp. (Erstarrungsber.) | Lieferfirmen (s. S. 62.) | Text |
|---|---|---|---|---|---|---|---|---|---|---|---|---|---|---|
| | | $\gamma$ | $E$ | $\sigma_S$ | $\sigma_S$ | $\sigma_B$ | $\delta_{10}$ | $H$ | $\sigma_W$ | $\alpha$ | $L$ | | Nr. | Seite |
| | | g/cm³ | kg/mm² | kg/mm² | kg/mm² | kg/mm² | % | kg/mm² | kg/mm² | $\times 10^{-6}$ | $\frac{m}{\Omega\, mm^2}$ | °C | | |
| killenguß | | 2,65 | ~8200 | ~8,5 | ~14 | 17-19 | 0,5 | 90-110 | 7,0 | 18 | | 700-520 | 21 | 20 |
| killenguß | | 2,71 | ~8000 | ~11 | ~17 | ~25 | 0,5 | 100-130 | 8,5 | 20 | | 600-520 | 21 | 20 |
| killenguß | | 3,00 | ~7200 | | 14-16 | 17-20 | 0,4-0,6 | 120-140 | | | | 610-525 | 21 | 20 |
| killenguß | | 2,73 | ~8000 | ~11 | ~17,5 | 19-21 | 0,2-0,3 | 115-135 | 7,5 | 20-21 | | 610-520 | 21 | 20 |
| killenguß | | 2,7 | ~8600 | ~12 | ~17 | 17-19 | 0,2 | 120-140 | 9 | 17 18 | | 700-520 | 21 | 20 |
| killenguß | | 2,68 | ~7300 | ~15 | ~19 | 21-24 | 0,5 | 90-110 | 8,5 | 22 | | 600-520 | 21 | 20 |
| killenguß | | 2,91 | ~6800 | ~12,5 | ~16 | 18-20 | 0,2-0,4 | 105-120 | 7,0 | 24 | | 610-520 | 21 | 20 |
| killenguß | | 3,0 | | | | 18-26 | 0,1-1,5 | 70-90 | | 22,8 | | 625 | 18 | 20 |
| killenguß | | 2,72 | | | | 20-26 | 0,5-1,2 | | | 17-19 | | 630 | 18 | |
| killeng. unverg.<br>,, vergütet | | 2,8 | | | | 16-22<br>18-21 | 1-5<br>1-6 | 70-85<br>80-110 | | | | | 18 | 20 |
| killeng. unverg.<br>,, vergütet | | 2,7 | | | 12-15<br>26-33 | 19-21<br>28-36 | 0,5-1<br>0,3-0,6 | 75-85<br>136-150 | | 22 | | 635 | 21 | 20 |
| killeng. unverg.<br>,, vergütet | | 2,8 | ~7000 | | <br>20-23 | 21-25<br>24-30 | 0,3-1<br>0,5-1 | 95-105<br>95-105 | | | | 640-550 | 21 | 20 |

| | | | | | | | | | | | | | | |
|---|---|---|---|---|---|---|---|---|---|---|---|---|---|---|
| gehärtet | | 2,8 | | | 30-32 | 38-42 | 10-7 | 115-130 | | | | | 17 | 21 |
| gehärtet | | 2,8 | | | 28-34 | 40-50 | 15-10 | 100-120 | | | | | 8 | 21 |
| gehärtet | | 2,75 | | | 30-40 | 42-55 | 18-12 | 100-130 | | | | | 20 | 21 |
| gehärtet | | 2,8 | | | 30-36 | 40-50 | 15-5 | 120-140 | | | | | 3 | 21 |
| gehärtet | | 2,85 | | | 28-32 | 38-50 | 15-10 | 100-130 | | | 23 | | 5 | 21 |
| ch<br>hart | | 2,62<br>2,62 | | | 16-19<br>20-24 | 36-40<br>39-42 | 24-18<br>18-12 | 85-90<br>90-100 | | | | | 14 | 21 |
| gehärtet | | 2,8 | | | 26-35 | 40-50 | 15-8 | 100-130 | | | 20 | | 7 | 21 |
| gehärtet | | 2,9 | | | | 40-50 | 15-8 | 110-150 | | | | | 9 | 21 |
| gehärtet | | 2,8 | | | 26-35 | 40-50 | 15-10 | 100-130 | | | | | 4 | 21 |
| gehärtet und achgerichtet<br>gehärtet und alt verfestigt | | 2,8 | | | 24-28<br>28-35 | 28-35<br>32-38 | 15-5<br>10-2 | 90-110<br>100-120 | | | 26 | | 23 | 21 |
| gehärtet | | 2,9 | | | 30-35 | 42-50 | 18-10 | 110-130 | | | | | 26 | 21 |
| gehärtet<br>gehärtet und alt verfestigt | | 2,9 | | | 26-32<br>36-42 | 38-45<br>44-50 | 20-15<br>10-6 | 100-120<br>110-140 | | | 20 | | 19 | 21 |
| gehärtet | | 2,85 | | | > 24 | 38-44 | 20-12 | 95-120 | | | 24 | | 11 | 21 |
| gehärtet und achgerichtet<br>gehärtet und alt verfestigt | | 2,9 | | | 25-30<br>30-35 | 35-40<br>40-45 | 17-12<br>15-10 | 100-110<br>110-120 | | | 20 | | 23 | 21 |
| gehärtet | | 2,8 | | | 30-35 | 40-45 | 15-10 | 100-130 | | | | | 12 | 21 |
| gehärtet | | 2,85 | | | 26-31 | 40-45 | 15-5 | 100-130 | | | 19 | | 15 | 21 |
| gehärtet | | 2,8 | | | 30-34 | 44-50 | 18-12 | 110-130 | | | 18 | | 25 | 21 |
| eschreckt und achgerichtet<br>gehärtet und achgerichtet t verfestigt | | 2,75<br>2,75 | | | 13-20<br>22-30 | 22-30<br>29-36 | 25-15<br>15-8 | 60-80<br>80-100 | | | 25<br>25 | | 27 | 21 |
| gehärtet und achgerichtet t verfestigt | | 2,85 | | | 23-35 | 35-48 | 20-10 | 95-125 | | | 21 | | 27 | 21 |

Tabelle 13. Zusammensetzung und Gütewe

| Nr. | Bezeichnung | Gattung nach DIN 1717 | Chemische Zusammensetzung in % | | | | | | | | |
|---|---|---|---|---|---|---|---|---|---|---|---|
| | | | Cu | Zn | Si | Mn | Mg | Fe | Ni | andere | Al |
| **C. Magnesium.** | | | | | | | | | | | |
| 116 | Rein-Magnesium | | | | | | | | | | |
| **D. Magnesiumlegierungen. 1. Knetlegierungen.** | | | | | | | | | | | |
| 117 | Elektron AZ 31 | Mg-Al 3 | bis 0,2 | 1 | bis 0,3 | 0,2 | Rest | — | — | — | 3 |
| 118 | Elektron AZM | Mg-Al 6 | bis 0,2 | 1 | bis 0,3 | 0,1 | Rest | — | — | — | 6 |
| 119 | Elektron AZ 855 | Mg-Al 9 | bis 0,2 | 1 | bis 0,3 | 0,1 | Rest | — | — | — | 7 |
| 120 | Elektron Z 16 | Mg-Zn | bis 0,2 | 4 | bis 0,3 | bis 0,3 | Rest | — | — | — | bis 0 |
| 121 | Elektron AM 503 | Mg-Mn | bis 0,1 | bis 0,2 | bis 0,3 | 2 | Rest | — | — | — | bis 0 |
| 122 | Elektron AZ 31 | Mg-Al 3 | bis 0,2 | 1 | bis 0,3 | 0,2 | Rest | — | — | — | 3 |
| 123 | Elektron AZ 21 | Mg-Al 3 | bis 0,2 | 1 | bis 0,3 | 0,2 | Rest | — | — | — | 2 |
| 124 | Elektron AZM | Mg-Al 6 | bis 0,2 | 1 | bis 0,3 | 0,1 | Rest | — | — | — | 6 |
| 125 | Elektron AM 503 | Mg-Mn | bis 0,1 | bis 0,2 | bis 0,3 | 2 | Rest | — | — | — | bis 0 |
| 126 | Elektron AM 537 | | bis 0,1 | bis 0,5 | bis 0,3 | 2 | Rest | — | — | 0,2 Cer | bis 0 |
| **2. Gußlegierungen.** | | | | | | | | | | | |
| 127 | Elektron A9V | GMg-Al | bis 0,1 | 0,5 | bis 0,3 | 0,3 | Rest | — | — | — | 8,5 |
| 128 | Elektron AZ 31 | GMg-Al 3-Zn | bis 0,4 | 1 | bis 0,4 | 0,3 | Rest | — | — | — | 3 |
| 129 | Elektron AZF | GMg-Al 4-Zn | bis 0,4 | 3 | bis 0,4 | 0,3 | Rest | — | — | — | 4 |
| 130 | Elektron AZG | GMg-Al 6-Zn | bis 0,4 | 3 | bis 0,4 | 0,3 | Rest | — | — | — | 6 |
| 131 | Elektron AM 503 | GMg-Mn | bis 0,1 | bis 0,2 | bis 0,3 | 2 | Rest | — | — | — | bis 0 |
| 132 | Elektron CMSi | GMg-Si | bis 0,4 | bis 0,3 | 1 | bis 0,3 | Rest | — | — | — | bis 0 |
| 133 | Elektron AZ 91 | GMg-Al | bis 0,4 | 0,5 | bis 0,4 | 0,3 | Rest | — | — | — | 9,5 |
| 134 | Elektron A 8 | GMg-Al | bis 0,4 | 0,5 | bis 0,4 | 0,3 | Rest | — | — | — | 7,5 |
| **3. Spritzgußlegierungen.** | | | | | | | | | | | |
| 135 | Elektron AZ 91 | SpG-Mg-Al 9 (DIN 1740) | bis 0,4 | 0,5 | bis 0,4 | 0,3 | Rest | — | — | — | 9,5 |

n Leichtmetall-Legierungen (Fortsetzung).

| Zustand | Kurzzeichen | Spez. Gewicht $\gamma$ g/cm³ | Elastizitäts-Modul $E$ kg/mm² | Elastizitäts-Grenze (0,02 %) $\sigma_E$ kg/mm² | Streckgrenze (0,2 %) $\sigma_S$ kg/mm² | Zugfestigkeit $\sigma_B$ kg/mm² | Bruchdehnung $\delta_{10}$ % | Kugeldruckhärte $H$ kg/mm² | Dauerfestigkeit (Schenck-sche Masch.) $\sigma_W$ kg/mm² | Wärmeausdehnungskoeffizient $\alpha$ $\times 10^{-6}$ | Elektr. Leitfähigkeit $L$ $\frac{m}{\Omega\, mm^2}$ | Schmelzp. (Erstarrungsber.) °C | Lieferfirmen (s. S. 62.) Nr. | Text Seite |
|---|---|---|---|---|---|---|---|---|---|---|---|---|---|---|
| | | | | | | | | | | | | | | |
| ndguß | | 1,74 | | | | 10,7 | 5 | | | 25,5 | 22 | 650 | 14 | 22 |
| killenguß | | | | | | 12,4 | 4 | | | | | | | |
| preßt | | | | | 4,5 | 20-21 | 7 | 35-40 | | | | | | |
| walzt | | | | | 6,7 | 28 | 4 | 40 | | | | | | |
| | | | | | | | | | | | | | | |
| angen, Rohre | | | | | 18-20 | 25-28 | 8-15 | | | | | | 14 | 23 |
| angen, Rohre | | | | | 20-22 | 28-32 | 10-16 | | | | | | 14 | 23 |
| angen | | | | | 21-23 | 30-33 | 8-12 | | | | | | 14 | 23 |
| angen | | | | | 12-15 | 25-27 | 15-18 | | | | | | 14 | 23 |
| angen, Rohre | | | | | 16-20 | 22-30 | 1,5-5 | | | | | | 14 | 24 |
| eche 0,3-4,0 | | | | | 16-18 | 25-28 | 12-18 | | | | | | 14 | 24 |
| eche 0,3-4,0 | | | | | 13-16 | 23-25 | 15-20 | | | | | | 14 | 24 |
| eche 0,3-10<br>10,0-20,0 | | | | | 17-22<br>17-20 | 28-32<br>28-31 | 10-20<br>10-17 | | | | | | 14 | 24 |
| eche 0,3-1,5<br>1,5-20,0 | | | | | 10-15<br>10-15 | 20-24<br>20-24 | 5-15<br>5-10 | | | | | | 14 | 25 |
| eche 0,3-1,5<br>1,5-2,5<br>2,5-20,0 | | | | | 15-23<br>17-21<br>15-20 | 23-28<br>24-27<br>23-25 | 15-25<br>17-23<br>15-20 | | | | | | 14 | 25 |
| | | | | | | | | | | | | | | |
| ndguß, vergütet | | | | | 10-13 | 24-28 | 8-12 | | | | | | 14 | 26 |
| ndguß | | | | | 5-6,5 | 16-20 | 6-10 | | | | | | 14 | 26 |
| ndguß | | | | | 7-9 | 17-21 | 5-9 | | | | | | 14 | 26 |
| ndguß | | | | | 9-11 | 16-20 | 3-6 | | | | | | 14 | 26 |
| ndguß | | | | | 3 | 9-11 | 3-6 | | | | | | 14 | 26 |
| ndguß | | | | | 5-6,5 | 10-13 | 2-4 | | | | | | 14 | 26 |
| killenguß | | | | | 11-13 | 18-22 | 2,5-5 | | | | | | 14 | 26 |
| okillenguß | | | | | 9-10,5 | 20-24 | 5-10 | | | | | | 14 | 26 |
| | | | | | | | | | | | | | | |
| ritzguß | | | | | 15 | 18-20 | 1-2 | | | | | | 14 | 26 |

## Lieferfirmen.

(Die hier genannten Lieferfirmen sind nur ein zwangloser Hinweis auf je eine Lieferfirma für die in der Tabelle aufgeführten Legierungen. Dies schließt nicht aus, daß diese Legierungen nicht auch noch von anderen Firmen geliefert werden.)

1. Aldrey-Ring, Berlin W 35, Matthäikirchstr. 4.
2. Aluminium Industrie Neuhausen, Schweiz.
3. Aluminium-Walzwerke Singen, Singen-Hohentwiel.
4. Aluminium-Walzwerk Wutöschingen G. m. b. H., Wutöschingen (Baden).
5. Bergmann-Elektricitäts-Werke A.-G., Berlin-Wilhelmsruh.
6. Deutsche Delta-Metall-Gesellschaft, Düsseldorf-Grafenberg.
7. Dürener Metallwerke Aktiengesellschaft, Berlin-Borsigwalde.
8. Julius & August Erbslöh Metallwalzwerke, Wuppertal-Barmen.
9. Felten & Guilleaume Carlswerk Actiengesellschaft, Köln-Mülheim.
10. Hackethal Draht- und Kabel-Werke, Aktiengesellschaft, Hannover.
11. Hirsch Kupfer- und Messingwerke Akt.-Ges., Finow (Mark).
12. Eduard Hueck, Lüdenscheid.
13. Hüttenwerke Kayser A.G., Berlin-Niederschöneweide.
14. I. G. Farbenindustrie Aktiengesellschaft, Bitterfeld.
15. Kreidler's Metall- und Drahtwerke G. m. b. H., Stuttgart-Zuffenhausen.
16. Metallgesellschaft, Frankfurt a. Main.
17. Mansfeld A.-G., Leichtmetall-Werke, Hettstedt-Südharz.
18. Nürnberger Aluminium-Werke, Nürnberg.
19. Osnabrücker Kupfer- und Drahtwerk, Osnabrück.
20. Rheinmetall-Borsig Akt.-Ges., Werk Sömmerda, Sömmerda/Thür.
21. Karl Schmidt, Neckarsulm.
22. R. & G. Schmöle Metallwerke Aktienges., Menden, Krs. Iserlohn.
23. Siemens-Schuckertwerke Aktiengesellschaft, Abt. SK 3, Berlin-Siemensstadt (Gartenfeld).
24. R. Stock & Co., Berlin-Marienfelde.
25. Vereinigte Deutsche Metallwerke A.-G., Frankfurt a. M.-Heddernheim.
26. Vereinigte Leichtmetall-Werke G. m. b. H., Hannover-Linden.
27. Wieland-Werke A.-G., Ulm/Donau.

## III. Spanlose Formung (Fortsetzung)



## IV. Schweißen, Löten, Gießerei



## V. Antriebe, Getriebe, Vorrichtungen



## VI. Prüfen, Messen, Anreißen, Rechnen

GPSR Compliance

*The European Union's (EU) General Product Safety Regulation (GPSR) is a set of rules that requires consumer products to be safe and our obligations to ensure this.*

*If you have any concerns about our products, you can contact us on ProductSafety@springernature.com*

In case Publisher is established outside the EU, the EU authorized representative is:

Springer Nature Customer Service Center GmbH
Europaplatz 3
69115 Heidelberg, Germany

**Batch number: 10682323**

Printed by Printforce, the Netherlands